藤崎童士
Fujisaki Doushi

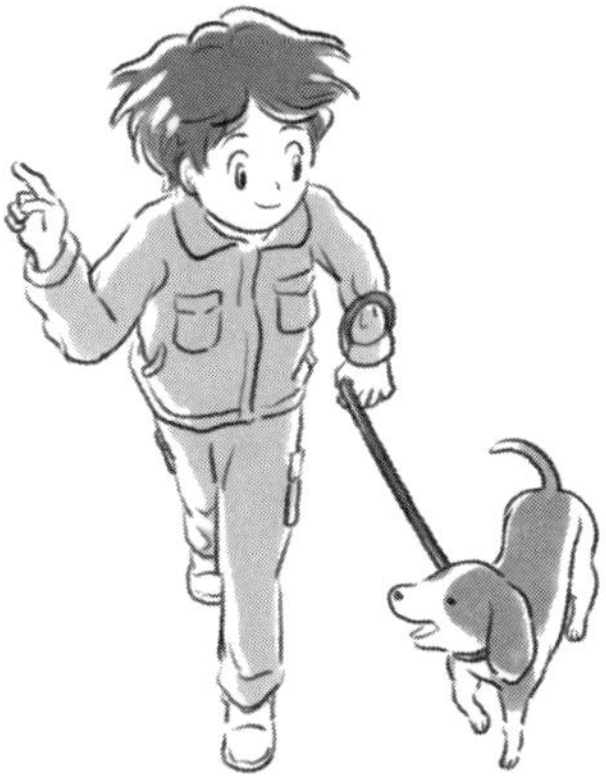

犬房《けんぼう》女子《じょし》

犬猫殺処分施設で働くということ

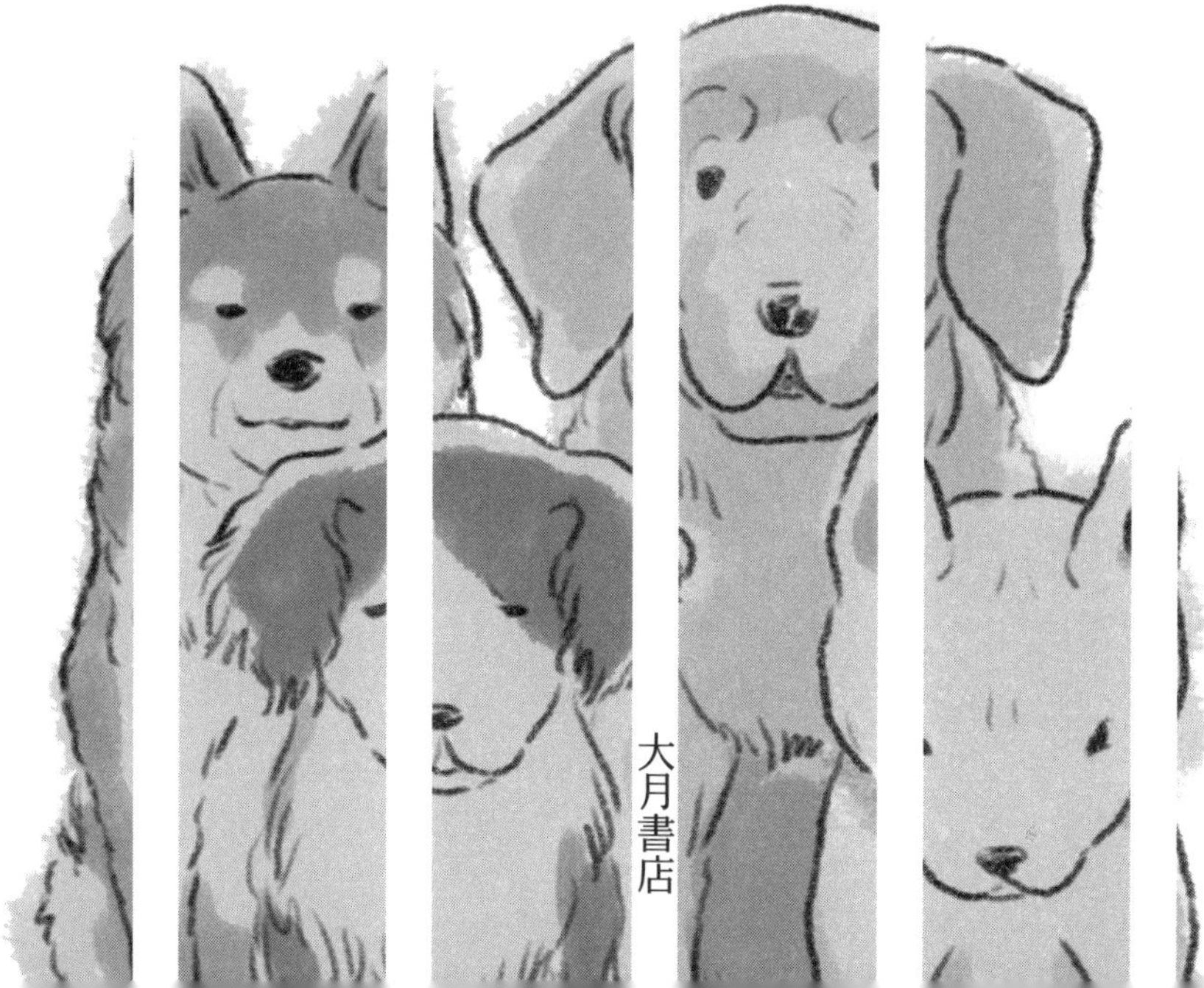

大月書店

プロローグ

殺気にみちた生ぐさい臭い。ところどころペンキが剝げ落ちた鉄格子。

この殺処分施設では、犬を収容する場所を犬舎《けんしゃ》ではなく、犬房《けんぼう》と呼んでいる。

一般社会から隔絶《かくぜつ》されたこの施設で、人知れず、二十代の女性二人が額に汗して働く姿を目の当たりにしたぼくは、愕然《がくぜん》とした。

ひとすじの光も届かない檻《おり》の前で、須藤和美《すどうかずみ》（二十六歳）はこう語る……。

『ここに入ったら犬や猫たちは死を待つしかありません。罪のない子が一匹残らず殺されて焼かれてしまいます。

処分の日、奥の狭い通路へと連れ出された犬たちは、一番奥にあるガス室へ歩いていかなくてはなりません。そんなぎりぎりの状態でも、私たちが近づいて頭をなでると、かむどころかしっぽを振ってくれます。飼い主さんが迎えにきてくれることを最後まで信じて、辛抱強く待ちつづけているんです。

でも、犬たちを処分機へと追い込む扉がせまってくる音とともに、その表情は一変します。二度と外に出ることはできません。驚きあばれます。やがて力つきます。

愛玩動物としてこの世に生を受けながら、どうしてこんなみじめな形で死を迎えなくてはならないのでしょう。どうして飼い主さんは手放すことができるのでしょう』

二〇一六年度、国内のペットショップで新規購入された犬猫は、のべ百万匹。トータルの飼育数は二千万匹（環境省調べ）にものぼる。

同年、犬の殺処分数は年間一万四百二十四匹、猫は四万五千五百七十四匹、合計で五万五千九百九十八匹（環境省調べ。負傷動物の殺処分数は除外）が殺処分されている。

この数値には野良犬や野良猫も含まれるが、多くは飼い主の身勝手な理由によって捨てられたり、保健所などに持ち込まれた数である。

五年前の約十七万四千匹だった殺処分数からは年々減少し、三分の一以下になった。放し飼いをしなくなった飼い主のマナー向上、ペット殺処分に対する意識改革、行政職員やボランティアの長年にわたる努力の末、殺処分ゼロに向けたとりくみは実を結びつつある……。


火の国……熊本には、熊本市内の東《ひがし》区《く》戸《と》島町《しままち》にある「熊本県動物管理センター」（二〇一七年に改称。以下、管理センター）と、同市内東区小山《おやま》にある「熊本市動物愛護センター」（以下、愛護センター）という二つの行政機関がある。どちらも、飼い主から見捨てられた犬や猫を扱う施設でありながら、その運営方法はまったく正反対であった。

熊本市は、二〇一〇年に下益城郡城南町《しもましきぐんじょうなんまち》、鹿本郡植木町《かもとぐんうえきまち》と合併したことで人口七十三万人に到達し、二〇一二年には悲願の政令指定都市に移行した。熊本県は、二〇一〇年にマスコットキャラクター「くまモン」を発表するやいなや、キャラクタービジネスとして爆発的な人気を獲得するとともに前代未聞の経済波及効果を生み出す。県の人口は百八十万人余（二〇一二年時）。

人口に比例して、各家庭で飼われている犬猫の総数も大きくなる。規模も事情も異なる県と市を並べ、安易に比較することはできないが、あえて一点にしぼれば明らかな違いが見えてくる。

収容した犬猫をひたすらに殺していったのか、そうではなく生かす方法を模索していったのか、ということだ。

愛玩動物（本書では犬猫にしぼる）の殺処分撤廃を求めた殺処分ゼロが全国各地で叫ばれる中、捕獲・保護した犬猫の返還や譲渡に力を注ぎ、生存率を高めるとりくみの先進事例として脚光を浴びてきた熊本市の愛護センター。

かたや、古くは「犬抑留所」と呼ばれ、民間人の監視が及ばない密室化をつらぬき、二酸化炭素ガスによる大量殺処分を続行した熊本県の管理センター。

時代の波に押されるように重い腰を上げた管理センターは、ようやく数年前（二〇一五年前後）から登録ずみの地元動物愛護団体を計画的に受け入れ、協働のとりくみを開始する。一般向けの犬猫譲渡会を定期的に開催するなど、動物愛護の側面も押し出すようになった……。

二〇〇九年、熊本市の愛護センターではじめて会ったとき、彼女たちはまだ新人であった。ごく普通の女の子。須藤和美は恥ずかしがり屋で、小嶋玲《こじまあきら》（二十五歳）は明朗快活。性格の面では対照的な二人だが、仕事の面では揃って新人離れした存在感があった。人当たりもよく、コミュニケーション能力も高い。上司からの信頼も厚い。第一印象はそれ以上でも以下でもなかったが……初対面から四年後、彼女たちが愛護センターから管理センターに働く場を移したと聞いて驚いた。

動物大好きの二人が、どうして動物愛護とは反対の世界にみずから足を踏み入れたのか。

そこではなにが待ち受けていたのか。

殺処分の施設で働くとはどういうことだったのか。

◎犬房女子

目次

第三章　敗れざる者　107

ふれあい方教室

第一章　二つの施設

面接試験

二〇一三年の四月。阿蘇《あそ》くまもと空港から車で行けば三十分ほど、市の中心部までは四十分ほどの中山間地帯に向かう九州自動車道の託麻《たくま》パーキングエリアの近く。戸島町《としままち》の交差点から益城《ましき》方面に向かう街道から脇道に折れ、車一台がぎりぎり通れる一本の細い道をまっすぐ進む。のどかな風景にそぐわない巨大なごみ焼却施設を配した「熊本市東部環境工場」を背にして、古めかしい鉄筋コンクリートの建物がぽつんと立っている。

人は誰も通らない。周囲に人家らしきものもない。耕作放棄され、雑草が生い茂った荒涼とした大地がどこまでもつづき、はるか彼方の阿蘇郡方向には幾重もの山々が浮かんでいる。

小嶋《こじま》玲《あきら》は、目の前の二本の煙突を交互に眺めた。ひときわ高い点滅灯つきの煙突は、東部環境工場のごみ焼却施設から。寂《さび》れた低い煙突は手前の建物から。

細く小さな体をくの字に折り、玲は「フー」とため息をついた。

本館玄関から入ってすぐ右にある指導相談室（旧所長室）。

初老の男性が簡素な応接セットに深く腰を下ろしている。

四月一日の新年度から管理センターの新所長として着任し、現場の舵取りを任された多田義男《ただよしお》だ。同年三月末まで獣医師として県内の食肉衛生検査所に勤務していたという。

「君は二〇〇九年から一年間、市の愛護センターで働いていたんだよね。あそこの仕事とはぜんぜん違うけど大丈夫？」

「君みたいな経験のある人が入ってくれると、こちらはたいへんありがたいけど、現場は大変だよ。大丈夫？」

「こういった職業に対してお父さんお母さんは大丈夫？」

年齢の割に幼い顔立ちをしている玲を気づかうような質問が何度も繰り返される。はいはいと返事をしている玲に向かい、多田は管理センターが置かれている現状について語り出した。

「もともとこのような施設は、徘徊《はいかい》している犬は捕獲しなければいけない……と定めている狂犬病予防の目的から始まっています。

世間から迷惑施設と白い目を向けられるような同様の施設が、昭和四〇年代～五〇年代前半、全国の自治体に次々と建てられましたが、新たに動物愛護の法律が一九七三年に制定されてからは、今度はそっちにも力を入れなさい、との方針が追加された。片っぽうでは犬を捕まえて処分しなさい。片っぽうでは動物を愛護して管理しなさい。この二つの業務を一つの施設で並行して行いなさい……これは国からの命令ですから、自治体は従わなくてはならない。

しかし当たり前ですが、現場では迷いが生じます。動物を殺す仕事なんか誰だってしたくない。だから熊本市のように動物愛護一本に絞る施設が増えてきた。それがモデルケースとなった今では、殺処分は従来の古い施設の中でやり、動物愛護は新しい棟を建ててその中でやる……というのが主流になりつつあります。

そして、ここがよく誤解を受けるところなんですが、そもそもこの管理センターは、県が監督する立場であって、現場で働く我々は県から業務委託を受けた会社という位置づけです。県内の各保健所に一人ないし二人のスタッフを送り込み、犬を捕まえる仕事をさせる……ようするに捕獲員は会社員であって、正確には県職員（正職員）ではありません。彼らが飼い主に返還されなかった犬や猫を保健所に集めてきて、管理センターが処分して焼却までする。最近まではそれだけですんだのです。

それこそ市のほうは動物愛護に特化しちゃっているもんだから、否が応でも比較されてしまう。このままでは県民の理解が得られない、とようやく気づいた県のお偉いさんが、これからは動物愛護を前面に押し出していこうと決め、新たな方針を定めたわけです」

銀色の髪を手ぐしで整えながら、多田はさらに言葉をつづける。

「正直言うと、熊本市がうらやましい。政令市として単独でなんでも決定できちゃうんだから。県のレベルともなれば、管轄している市町村とのいろんなやりくりがあるから、そう簡単にはやれない。新たな施策に力を入れます、となった場合、事業を展開するための予算の獲得がいちいち必要になりますし、それを運営する人材も必要になります。
それが今回新設された……動物愛護の専門知識と愛護精神を兼ね備えたスペシャリスト……動物愛護専門員（以下、専門員）という立場。私と同じ時期に入った嘱託社員の須藤《すどう》に加え、もう一人増員であなた、です」

……今回県が動いたきっかけは、前年の二〇一二年八月二十九日に成立、九月七日に公布、二〇一三年九月一日に施行される予定の改正動愛法（正式には「動物の愛護及び管理に関する法律」。以下、動愛法）であった。

この法改正に伴い環境省は「動物の愛護及び管理に関する施策を総合的に推進するための基本的な指針」を改正して公表。過去の法改正（二〇〇五年度）の際に定めた動物愛護管理に関わる様々な課題をまとめた「動物愛護・管理推進計画」を、今回の法改正にそった形で作り直すように各自治体に求めた。

もちろん熊本県も、地域の実情に応じたとりくみの強化を図り、計画の見直しをしなければならない。

そこで動物愛護に精通した専門員二人分の予算が県議会の審査を通して認められ、管理センターに対しては「動物の愛護及び管理に関する普及啓発」の一環として「従来の殺処分業務に愛護業務の側面も加えるように」との新たな事業方針（熊本県動物愛護・管理推進計画第二次計画）が伝えられたのだった。

収容業務の流れ

熊本県内には県が管轄する保健所が十か所ある（熊本市を除く）。そこでの事務処理は、動物関連の二つの法律と県条例という三つの世界に分けられ、進められている。

一つ目は、環境省が所管する動愛法に基づくもの。同法が制定された理由は、一九六九〜七〇年にかけてイギリス大衆紙が報じたネガティブキャンペーン（中傷記事）の影響が大きいと言われている。

「動物保護法すら制定されていない動物虐待国には犬の輸出をするな！」

当時イギリスにとって日本は犬の最大輸出国であったが、そんな批判を反映した一連の報道からはじまった数々の悪評は、またたく間に欧州諸国に伝わった。一九七三年、エリザベス女王が来日する直前に急遽《きゅうきょ》制定されたのが、議員立法による旧法「動物の保護及び管理に関する法律」（以下、動管法）であった。

一九八〇年頃には全国的に拡がったペットブームの中で、飼い主と専門業者との間で購入トラブルや近隣紛争が多発する。

そして一九九七年に神戸市で起きた神戸連続児童殺傷事件の際、人間に対する残虐事件の前段階として動物虐待行為という兆候が見られるとの世論から、動管法を見直す気運が高まった。それを受けて抜本的に改正された法律が、今日にいたる動愛法（現在まで三度の改正が行われている）だ。

保健所が行う拾得者からの犬や猫の引き取りや、負傷動物の収容については、動愛法で定められている公示期間内（最低二日間。熊本県の場合は三日間）に元の飼い主に返還されなかった場合、保護した人もしくは里親に譲渡されるか、管理センターに移されるかのどちらかとなる。

飼い主からの直接的な引き取りについては、所有権を放棄したものと見なされ、公示期間がすぎて一日を経過してもなお引き取り手が現れなかった場合、管理センター移送が決定する。

なお、熊本県の資料によると、犬や猫の飼い主が保健所に引き取りを求める主な理由として、散歩や餌やりができない、他人に迷惑をかける、攻撃的な性格である、誰かにあげたくても引き取り手がいない、などが挙げられている。

二つ目は、厚生労働省が所管する「狂犬病予防法」に基づくもの。戦後、狂犬病が大流行し、国内から撲滅する目的のため一九五〇年に議員立法によって緊急的に制定、即日施行された法律である。具体的には未登録犬や未注射犬の捕獲を定めている。

市町村で公示されながら、元の飼い主に返還されなかった犬は、公示期間が終わってから、新たな里親に譲渡される、もしくは管理センターに移送される、のどちらかとなる。

三つ目は、「熊本県動物愛護管理条例」に基づくもの。繋がれずに飼われている犬の収容がこれに該当する。事務的な流れは動愛法と同じ。一定期間をすぎても引き取り手が現れない犬（猫も）は、〈殺処分動物〉の扱いになり、すぐに管理センターに移され、早くて当日、遅くても数日のうちに致死処分（殺処分）になる。

面接中の玲に向けられた多田の言葉はさらに熱を帯びる……。

「今回、県から指示された新しい業務委託の内容は、来年の三月末までに県内の三十校に向けて犬のふれあい方教室を開くこと。担当者からは、熊本市の管轄エリアと中学校を除けば、小学校でも幼稚園でも保育園でも一向に構わない。でも、次の内容をかならず二つ入れてほしいということです。

まずは命の大切さを子どもたちにしっかり教える。もう一つ。県内では年間に百例ほど犬による咬傷《こうしょう》事故があることから、犬とふれあうときの正しい知識を子どもたちに覚えさせ、道などでかまれないよう未然に防止する。

それと、言い忘れた、もう一つ大事なこと。昨年はこの管理センターで犬を約二千三百匹、猫は約二千百匹を軽く超え……なんたって熊本市と比べると六十倍近くの数を処分しているものですから、それを少しでも減らしていく努力をする。

具体的には、適正飼養《しよう》できる飼い主を育てるための啓蒙活動として、年に一度、すべての保健所で犬猫の譲渡会をやりなさい、というわけです。正直言うと、今までは保健所が独自でやっていた譲渡会や譲渡講習会は、うまく機能している部分と機能していない部分がありました。だから今後は我々から積極的に各地に出向いて行き、熊本市がやっているような譲渡講習会を、こっちもしっかり形にしていこうと」

多田は革張りのソファーから立ち上がり、ゆっくりと窓の外を眺めた。

生暖かい春の風……。

「私は所長職に加えて専門員も兼務します。日常業務で改善すべき点や追加すべき点があれば、須藤さんと一緒に、どんどん提案して、どんどん変えていってください」

そう言うと、多田は満面の笑みを浮かべながら握手の手を向けてきた。

「一緒にがんばりましょう」

玲はぺこりと頭を下げ、その手を握り返した。

一枚の壁を隔てた向こう側からは、犬のひび割れた声が断続的に響いている……。

それから多田が運転する車で移動すること約五キロ。県央を南北に走る縦貫自動車道から少し離れた陸上自衛隊健軍《けんぐん》駐屯地。その向かいにあるビルが、玲が就職する会社の本部事務所だ。

約二百名の従業員を抱える同社。二〇〇五年に前身である社団法人の解散とともに株式会社を設立、事業を継承している。県や県内市町村の関係機関から特命随意契約（発注元が競争入札を行わず、あらかじめ業者を指定して仕事を発注すること）の委託業者（契約は一年ごと）として選ばれ、測量設計事業やメンテナンス事業、道路維持管理事業、損害保険等のライフサポート事業など、県民や市民の生活インフラを支える様々な事業を一手に引き受けている。

その中の一つに、一九七五年四月から現場に関する一切を県から受託している動物関連業務がある。年間の委託費用は、専門性が高いという理由から約九千七百万円（熊本日日《くまもとにちにち》新聞調べ）。詳細は公にされていないが、管理センターとすべての保健所に配置する人件費ほか運営費に充てられている。

……玲が通されたのは二階の一室。面接というより面談で、のどかな雰囲気さえ漂っている。役員という立場の男性二人から雇用条件が提示された。嘱託社員としての契約は一年ごとに更新。月給は十二万円弱で、そこに危険手当がプラスされる。週五日勤務。年に二度のボーナス支給あり。勤務時間は朝の八時半から夕方の五時十五分まで。

受け持つ業務内容は、動物愛護業務。

愛護センター

玲が動物に関する仕事に憧れを抱いたきっかけは、物心ついた頃に視た、犬の安楽死をテーマにした海外のドキュメンタリー番組だった。

地元の商業高校を卒業後、ペット業界では名門として有名なプロトリマーの専門学校「九州サンシャイングルーミングスクール熊本校」の愛犬美容科に二年間通学。同級生の多くはペットサロンに就きたい、あるいはペットショップで働きたい、そんな未来の夢を描いていたが、玲は動物愛護に関する仕事をしよう、と固く心に誓っていた。

だが現実は甘くない。卒業後は大阪市に移り住み、個人経営の小さなペットサロンで働き始めたが、経営者の方針と合わず一年後に退社。フリーター生活を送りながらもんもんとしていたところ、小学校の頃からの友人である須藤千絵美《ちえみ》から、こんな情報を聞いた。

「あのさ、妹から聞いたんだけど、市の愛護センターが臨時職員の採用試験をするんだって。ヒマなら受けてみたら？」

千絵美の妹の存在は以前からよく知ってはいた。

須藤姉妹が住む菊陽町《きくようまち》は、県内では中部地域に位置し、市内での人口増加率はトップといわれるベッドタウン。玲の家は、熊本市中心部から北西に外れ、野生のサルやイノシシがよく出現する金峰山《きんぽうざん》のふもとにある。

玲から見て四つ上の姉・綾乃《あやの》と千絵美は、熊本市内にある中学校の同級生。互いの家と家は二十キロ弱離れてはいたが、千絵美は路面電車とバスを乗り継ぎながらしょっちゅう行き来しており、一人だけ年下の玲にとっても親友と呼べる間柄だった。

そんな千絵美から、「テレビで『フランダースの犬』を見ながら泣いてばかりいる、おとなしすぎる妹」とさんざん聞かされていたのが、愛護センターの女性職員では初の現場担当（業務係）として二〇〇八年一月に入所し、同年四月からは嘱託職員へと昇格した須藤和美である。

……ちなみに、嘱託職員とは、一年ごとに雇用契約と解雇を繰り返す職員制度のこと。契約更新する場合は繰り返しで最長五年まで。その後同じ職場に返り咲くためには、一年以上の雇い止め期間を挟んでから、再び嘱託職員採用試験を受けなくてはならない（現在同規定は変更され、五年以上継続して働きたい場合は、一般応募者と同様の面接試験を受けて合格する必要がある）。

千絵美の情報によれば、今回行われる募集の対象は、業務係の臨時職員のみ、とのこと。臨時職員の雇用期間は半年間と決まっている。終わってから再び働く意志がある場合、一か月の空白期間を経たうえで再試験を受け、契約をし直さなければならない。つまり最長で一年。

そして面接直前になってはじめて聞いた情報……。

面接で重要視される条件として「公益社団法人日本愛玩動物協会」認定の愛玩動物飼養管理

士一級、もしくは「全国ペット協会」認定の家庭動物販売士三級の資格が必要だという。

玲はどちらも取得していなかった。

当たって砕けろの精神で臨んだ面接試験の当日。

実家から原付バイクをぶっ飛ばして約四十五分の距離にある市の愛護センターへと向かう。

郊外の町なみ。自動車や大型トラックが爆音を立てて県道一〇三号熊本空港線をとおりすぎていく……。

ペット専門店のはす向かい。コンビニの角から左折し、郊外型の大型スーパーマーケットを右手に見、ゆるい勾配《こうばい》の坂を進んでいくと、愛護センターの正門が見えてくる。

駐車場にバイクを停めたとき、すぐにわかった。

……凛《りん》としたたたずまい。大きな犬を従えながら颯爽《さっそう》と歩いている茶髪の女性。前髪を瞼《まぶた》ぎりぎりに切りそろえ、肩まで伸ばしたセミロングを後ろで一つにくくった姿が陽炎《かげろう》に揺らいでいる。

「須藤さんですよね？　はじめまして。小嶋です」

「あー、うわー、びっくりした」

「顔が千絵美ちゃんと一緒だから、見た瞬間、あーって。間違いないと思って」

「やっぱり？　よく言われる」

和美はそう言いながら澄んだ瞳を玲に向けた。初対面の感じがしない。

「これから面接なんです」

「あっそうなんだ。がんばってね。きっと大丈夫だよ」

結果は不採用。懲《こ》りもせず半年後に再チャレンジしたものの、またしても不採用。楽天的な性格が自慢の玲だが、さすがにショックを受けた。

ところが二〇〇九年の春。再び千絵美から、「またまた愛護センターで臨時募集がある」と伝え聞いた。

人づてに内情を探ってみると、新卒の職員の無断欠勤が続いていたため、人手不足を解消する目的で一人だけ募集するらしいのだ。これでだめなら、きれいさっぱりあきらめる覚悟で三度目のチャレンジ。さすがにこのときは最短一日で取得できる家庭動物販売士三級は取得していた。


……それから数日。待望の採用通知が玲に届いた。

配属先は和美と同じ業務係。こうして玲は二〇〇九年四月から愛護センターの臨時職員として働くことになった。

このとき、和美は四か月間の産休中。彼女の抜けた穴を埋めるべく、玲より二か月前に入所していた臨時職員の相川《あいかわ》京子《きょうこ》から基本の仕事を教わった。

京子は和美と専門学校時代の同期生。

細身の背格好、玲と同じ短髪。

外見的な特徴は似ているものの、仕事への向き合いかたは玲とはだいぶ違った。

自分の意見をあまり主張しない。上司から与えられた役割のみ、指示どおりこなしていきたいタイプ。そのためか、仕事でわからないことを質問しても、のらりくらりとかわされ、煙《けむ》に巻かれてしまう。

それに対して、産休を終えて職場に復帰してきた和美の猛烈な働きっぷりに、玲は思わず目を見張った。

驚いたのは彼女の記憶力。本人は「誰かに自慢できるような特技は一つももってない」と謙《けん》遜《そん》するが、犬や猫の個体識別能力については右に出る者はいなかった。愛護センターの当時の所長も獣医師も、「一度見たら顔や性格を忘れない。あれは彼女の特殊能力だ」と舌を巻くほど。

例えば、犬が収容されてきたときに、ほかの職員は誰も気づかないが、和美はひらめくように、パッと言う。

「この子、はじめて会った気がしない」

彼女の表現では、違和感を感じるセンサーがピピッと脳に働くらしい。

そう言うやいなや、過去の記録台帳や自分のメモ帳をパラパラとめくり、いつどこで収容された犬か、どんな理由で引き取ったか、元の飼い主は誰か、など完璧なまでに言い当ててしまうのだ。

……都市部と違い田舎では、純血種よりも雑種のほうが圧倒的に多い。純血種と比べれば個性の違いが明確な雑種は特徴がつかみやすい。それにしても、である。周囲のベテラン職員がとまどっているのを尻目に、和美はいとも簡単に言い当ててしまうのだ。

その神がかり的な能力をまざまざと見せつけられた玲は、和美に対して尊敬の気持ちを抱くようになった。

玲は天真爛漫《てんしんらんまん》で外交的。和美は控えめで内向的。にもかかわらず、二人が意気投合するのにさほど長くはかからなかった。

動物や仕事に対する価値観が完全に一致していたからだ。

殺処分ゼロをめざして

この頃、愛護センターでは。

二〇〇八年から開始している「安易な引き取り拒否」をさらに徹底、強化していた（千匹に上った犬の殺処分数は二〇〇九年度には七匹まで減少）。幼齢老齢関係なく引き取りは極力行わない。特別な理由なく不要犬や不要猫を窓口にもち込んでくる無責任な飼い主には厳しい態度で接し、それでも収容しなければならないと判断した場合は、即日処分すると伝え、今後一切動物を飼わないよう強く指導する、という姿勢で対応する。

結果的には、引き取り犬や引き取り猫は処分保留扱いとされ、数日経過観察（収容期間）しながら、人間に対する行動や性格を職員が見定めたのち、すぐに譲渡対象に回すか、時間をかけた矯正訓練が必要か、などを総合判断していくが、このとき病気の有無や年齢は判断材料に加えない。一般家庭で飼える要素が見つかれば残す。これが原則だった。

現在では法改正によって、自治体が「引き取りを拒否できる」と定められているが、愛護センターのこの対応は、当時としてはきわめて異例の試みであった。

動管法が制定される前、犬の引き取りについては、狂犬病予防法の第五条の二で「予防員は犬の所有者からその犬の引き取りを求められたときは、これを引き取って処分しなければならない」と定められていた。

動管法の制定後、狂犬病予防法のこの記述は削除されたものの、「公示期間満了の後一日以内に所有者がその犬を引き取らないときは、予防員は、政令の定めるところにより、これを処分することができる」（第六条第九項）と変えられ、動愛法第三十五条も「都道府県等は、犬又は猫の引取りをその所有者から求められたときは、これを引き取らなければならない」と変更された。

幼く健康な犬猫は別としても、保健所や愛護センターに犬や猫を連れて行きさえすれば、かならず引き取ってくれる……そんな誤った認識がまかり通ることになった。

二〇一二年に行われた動愛法改正時に、「ただし、犬猫等販売業者から引取りを求められた場合、その他の……引取りを求める相当の事由がないと認められる場合として環境省令で定める場合には、その引取りを拒否することができる」（第三十五第条一項）との記述が加えられるまで、この〈引き取らなければならない〉の条文が、自治体職員の仕事をがんじがらめに縛っていたのだった。

……愛護センターの正門から入って十メートルほどの場所に、獣医師や事務員が常勤している「管理棟」と呼ばれる平屋の建物がある。その向かい側奥には、だいたい同じくらいの敷地面積になる「収容棟」と呼ばれる建物。職員の間では「犬舎」と呼ばれているが、朝八時半から夕方の五時十五分まで、業務係の市職員はほとんどそこで働いている。

ほぼ全員が市の正規職員だ。

玲と和美の主な仕事は、犬を檻の外に出しての犬舎掃除と猫が入っている檻の掃除、敷地全体の掃除、餌やり、糞便《ふんべん》拾い、トリミングやシャンプー、食器のあと片づけ、そのほか雑務。天気がよい日には屋外に出しての犬の散歩、しつけや訓練。天気の悪い日は犬舎の中でスキンシップ、病気の犬猫の体ふきや耳掃除。

そのほか先輩職員の指示を受け、近所をさまよっている迷い猫や迷い犬を探す目的の市内巡回もある。

……ちなみに、巡回中の職員が、管轄地域の道で負傷した猫を見つけたとしても、原則的に保護（捕獲）しない。

民間人から負傷動物の届け出があったときは、動愛法（第三十六条）にのっとって対処するが、自力で動けると判断できれば保護する必要はないというのが解釈だ。

熊本市を含む県内全域では、都市部では当たり前になっている猫の室内飼いのルールがあまり浸透していない。互いの家の距離が密接している都市部とは異なり、いまだに放し飼い（自由飼育）をしている飼い主が多く、屋外で猫がうろうろとさまよっていても、それが迷子猫なのか、たまたま飼い猫が外にいるのか、第三者の目にはわからないのだ……。

犬用の檻は「一番檻」から「五番檻」までの五区画。

壁を一つ隔てた「機械室」と呼ばれる部屋には二台の処分機がある。中型犬のサイズでは一回につき約七匹の殺処分が可能で、操作盤の「起動ボタン」を押すと自動的に二酸化炭素ガスが処分機の中に注入され、早ければ三〜五分で絶命させることが可能。

猫用の檻は「六番檻」と呼ばれる一区画。三次元（横移動、縦移動）で動ける猫対策として、上面には頑丈な金網が隙間なく張りめぐらされており、床面にはクーラーボックスに似た形をした小型タイプの処分機が置かれている。

学生時代の和美が、市民ボランティアの立場で愛護センターに通い始めた二〇〇六年当時、犬の殺処分数は年間で約六十四。猫の処分数は約五百十二匹。ただし犬は前年の二百二十四から大幅に減少していることから、ガス殺処分は凍結、一匹ずつ手で行う麻酔注射の安楽死処分に切り替えている時期であった。

二〇〇七年以降、愛護センターでは、犬用処分機の稼働を段階的に停止、猫用の小型処分機は敷地の隅にある物置小屋に移動されたまま、今日まで使用されていない。

クレーム

愛護センターに寄せられる電話の件数は、一年間に約一万件。多くは行政に対するクレームのほか犬猫を手放したいなどの相談で占められ、事務室に設置されている二つの電話回線は常に埋まっている状態であった。

猫の引き取りを求める来訪者の言い分は「繁殖していたらあっという間に二十〜三十匹まで増えてしまった」などに代表される多頭飼い。

犬の場合の多くは経済上の理由。そのほか、吠えてうるさい、飼い主の言うことを聞かない、ペット可のマンションからペット不可のアパートに引っ越さなければならない、飼い主が亡くなった、あるいは病気で入院した、近所からクレームが出た、など。こういった事例を挙げればきりがないが、次のようなできごとは日常茶飯に起きていた。

……ある日の昼下がり。犬舎の清掃を終えた玲と和美が管理棟に戻る途中、事務室の受付窓口から、かん高い声が聞こえてきた。

「あんたたち、ふざけんじゃないわよ！　ここに連れてきたら引き取ってくれると聞いてきたから、わざわざこんなところまできたのよ！　いいから早く手続きやってしまってよ！」

つばの広い帽子を深く被った中年女性が、口をへの字に曲げ、愛護係の獣医師に食ってかかっている。女性の足下でがたがたと震えているのは、頭部としっぽだけを残して全身体毛を刈られた茶色のミニチュアダックス。

若い獣医師は相手の言い分をしばらく黙って聞いていたが、やがて静かに口を開いた。

「事情はわかりましたが、もうちょっとがんばってみてはもらえませんかね。ここで引き取るということは、このわんちゃんは殺されてしまうということです。絶対に引き取りません、とは言っていません。飼い主さんが色々と努力して、それでもだめだったときは協力することもできます。しかし失礼ながら、おっしゃっていることだけでは、やりつくしたとはならないんです」

するとと女性は、突然かんしゃくを爆発させた。

「もちろんがんばったわよ！　でもどうしようもないの！　家の子どもが犬アレルギーなの！　うちの子が健康を害したら誰が責任とってくれるのよ！」

固唾《かたず》を飲んで見守っている玲はもう気が気でない。女性はさらに声を張り上げる。

「……私だって殺したくて連れてきたんじゃないわ！　近所の人にもらってくださいって頼んで、親戚にも頼んで、さんざんっぱらやりつくしてきたわよ！」

悲しげな目をしたダックスはくぐもった声を漏らすが、女性の耳には入らない。

するとと、不意に彼女の夫らしき男性がしゃしゃり出てきて、

「あのね、行政が動物を引き取らないのは法律違反なんだよ。動愛法には引き取りを求められたら断れないって、そうなっているじゃないか」

と人をあざけるように言い放った。

騒ぎを聞きつけ集まってきた職員たちは、男性の高飛車《たかびしや》な物言いに呆気《あつけ》にとられている。

若い獣医師は顔を強張《こわば》らせながら言った。

「動物を飼った以上は終生飼養が飼い主さんの義務です。それができないのなら、もう二度と動物に近寄らない、とこの場で約束してくれますか。そのうえで引き取りましょう」

その言葉は男性の怒りの火に油を注いだ。目をかっと見開き、こう息巻いたのだ。

「なにぃ！　公務員の分際で偉そうになんだ！　殺すのがお前らの仕事だろうが！　だったらええ？　県の保健所とかに連れていけばいいのかよ？　愛護センターの連中じゃ話にならねえ

って言えば、どっかで引き取ってくれんのか！」

それは無理だ。熊本市に住んでいる市民は市の愛護センターでしか引き取れないと定められている。それをつぶさに説明すると、

「最低だな！　わかったよ！　いいから煮るなり焼くなり勝手にしろ！」

こうなったらお手上げである。男性は差し出された必要書類に殴り書きでしたためたのち、周囲を取り囲む職員たちをじろりと睨《にら》みつけた。

置き去りにされたダックスは悲痛な声を漏らしながら、彼らが立ち去った方角をうらめしそうに眺めている。

それから一か月も立たぬうちにダックスは衰弱死した。死因は不明と記録に残された。

チェリオと保健所

二〇一〇年の夏。愛護センターに収容されてきた茶白の雑種犬は、推定四歳の雄。立耳のためおそらく日本犬系。

和美がこの犬にチェリオと名づけたのは、過去にチェリーという名前で呼ばれていた雑種の犬に特徴が似ていたから。

「最近、神出鬼没《しんしゅつきぼつ》に現れては、何匹もの雌犬に交尾しようとする、やっかいな野良犬を捕まえてくれ」

そんな市民からの通報が愛護センターにもたらされ、あっけなくチェリオは捕獲されたのだった。

対人間への態度は実に従順。おっとりで甘ったれ。本来ならば譲渡されやすいタイプだが、見た目があまりに地味すぎる。

譲渡されるにはかなりの時間が必要だろう。

職員たちのそんな心配をよそに、それから四か月後の十二月、子ども連れでやってきた菊池《きくち》市在住の四十代女性が里親希望者として名乗り出てくれ、チェリオは引き取られていった。

それからほんの数日後。

困惑した声の女性から愛護センターに電話がかかってきた。受話器を取ったのは和美。外の庭に繋いで飼っていたところ、一日中野獣のような声で吠えまくり、近隣住民から苦情が殺到しているらしい。

収容時のチェリオには、目立った吠え癖は見受けられなかった。飼育環境を訊《き》いてみると、散歩以外は屋外で繋ぎっぱなしにしていると女性は言う。

「おそらく寂しがっているのだと思います。家の中、できれば玄関に入れてみてくださいませんか」

そう助言すると、見事に功を奏したようで、問題行動はぴたりと収まったという。

以来、その女性からは「チェリオは今こういうふうに暮らしています」「去勢手術もちゃんとしましたよ」……そんな言葉でつづられた写真入りの便箋《びんせん》やていねいな文字でしたためられた葉書が、定期的に愛護センターに送られてくるようになった。

一年後。再び女性から連絡がよこされた。チェリオが突然行方をくらましたという。

再び対応に立った和美が、

「本気で探していらっしゃるなら、『タウンパケット』(熊本日日新聞社発行の情報誌)の広告欄を利用されてみてはどうでしょうか」

と提案してみると、女性は喜んで応じた。掲載料金は写真付きで一万一千円(税抜き)から。またも女性はすぐに行動に移してくれたのだが、待てど暮らせどめぼしい反響は寄せられない。

……チェリオの行方は依然《いぜん》として不明だった。

そんなある日。ぼうぜんとした表情の女性が、ふらりと愛護センターに現れた。

「あらゆる手段をつくしたが見つからない。それでもあきらめきれない」

独り言のようにそうつぶやいた女性は、犬舎の中の犬を眺めながら、ぽっかり空いてしまった心の隙間を懸命に埋めようとしているのだった。

また数週間が経ち、県の管理センターが開設しているホームページを覗いたとき、和美は妙なことに気づいた。御船《みふね》保健所から情報が更新されている「迷い犬情報」には、チェリオに実によく似た雑種が紹介されている……。

パソコン画面の写真は解像度が低く断定はできないが、二点気になることがあった。

一つは、女性が住んでいる地域にある菊池《きくち》保健所と、チェリオに似た迷い犬を紹介している御船保健所は直線距離にして約三十五キロ。あまりにも遠すぎる……。とはいえ犬の行動範囲は、人間の推測をはるかに超えており、百パーセントありえない話ではない。

もう一つ。チェリオは間違いなく雄のはずだが、「迷い犬情報」の犬は雌として紹介されている。去勢されているとはいえ、いくらなんでも成犬の性別を見誤るとは考えにくい。

この二つの疑問点を踏まえても、十中八九チェリオだ。和美にはそんな確信めいたものがあった。

翌日、和美は犬舎の隅の保管棚に立てかけてある手製のスクラップブックをつぶさに調べた。これに記録してある情報は、昔から使われている記録台帳のように、文字情報の羅列《られつ》だけではない。個体識別しやすい写真が何枚も貼りつけられ、職員が思い入れたっぷりに命名した名前、性格や外見上の特徴はもちろん、譲渡する際の注意点などが個体ごと、詳細にまとめられている。

……スクラップブックの写真とネット上の写真を比較すると、顔の特徴や毛の色味と模様、ぴたりと一致した。

確信を得た和美は、すぐ女性に連絡をとった。

「チェリオくんの可能性が高い子が御船保健所に入っています。こうしているうちに殺処分されてしまう恐れがあります。一刻も早く電話して調べてもらってください」

女性は謝意を示してから通話を切った。ところが一時間も経たぬうちに再び電話がかかってきた。

「電話したら、そんな犬はいないって怒られて、それでも見せてくださいって言ったら、無駄ですと電話を切られてしまいました」

女性の声には困惑がにじむ。

和美は断定的に言った。

「そんなはずはありません、あの子は絶対チェリオです。こうなったらご自身で直接行って確かめてください」

その言葉に覚悟を決めた女性は即座に行動した。……結局、その犬はチェリオであった。

やきもきしながらそのやりとりを見ていた玲の心中も穏やかではない。

性別判断を間違えたこともそうだが、なにがしかの理由があったとして、過ちの可能性を指摘されてもなお動こうとしない保健所の不誠実さに対してだ。

……後日、女性から和美宛に御礼の便りが届いた。同封されている写真には、真新しい首輪をつけた犬が元気に飛び跳ねている様子が写っている。以前の姿からは想像できないほど肥え太ってしまったチェリオである。

ペットショップの裏側

取材を進めているうちに、ぼく（筆者）は、ペット業界の内情をもっと深く知りたくなった。玲を通じ、絶対匿名を条件に応じてくれたのはYさん。玲とは専門学校時代の同期生。およそ一年間、Yさんがアルバイトで勤務していたのは、県中心部の繁華街に路面店を構えていた総合ペットショップW。現在は閉店している。

Yさんが働いていたのは二〇〇九年前後。あくまで当時のこととして勤務実態を告白してくれた。

この業界に飛び込んだ動機は「とにかく犬が大好きで、犬に関われる仕事がしたかった」だそうだ……。

スタッフは全員二十代の女性。店内は純血種のみ、幼齢の子犬や子猫で埋めつくされていた……。

手狭なバックヤードでは、伝染性が強い疥癬《かいせん》（イヌセンコウヒゼンダニという種類のダニが寄生して起こる感染症）やケンネルコフ（犬伝染性気管支炎）が多発。ケンネルコフは母乳に含まれる免疫が切れた頃に発症しやすく、空気が乾燥していたり栄養面が行き届いていない場合に起きやすい呼吸器感染症だ。

薬の投与をする生態担当と呼ばれるスタッフが一人で悪戦苦闘しながら治療に当たっていたが、販売担当のスタッフは病気にかかっている事実を客に告げぬまま、健康状態を取り戻した順番に売りさばいていた。

このような例はほかにもあった。例えば水頭症《すいとうしょう》。

水頭症とは、先天的な原因と後天的な原因と両方あるが、チワワやシーズーなど小型犬に多く発症する。脳内に脳脊髄液《のうせきずいえき》がたまって脳圧が高まることによって様々な障害が起き、完治は難しいとされる。

この水頭症、俗に「ペコ」と呼ばれている。

肥大し隆起した頭頂部や大きく見開かれた目が外見上の特徴とされるが、かえってそれが人間の目からは可愛らしく見えてしまう。水頭症独特のおぼつかない動作は、おとなしそうで飼いやすそう……そんな間違った印象を来店した客に与えてしまう。

彼らの多くはペコの意味すら理解していない。

あろうことか、水頭症の症状が現れた子犬は「小ペコ」「中ペコ」「大ペコ」と分類され、宣伝文句にされているのだった。

この店の販売形態はどうだったか。

犬の販売数は一日あたり平日で二～三匹、土日は五～六匹が平均して売れ、営業原価を仮に一万円とした場合、一匹あたりの販売価格はおおよそ二十万円。

Yさんは、「それでも比較的安いほうだと思います。東京や大阪などの都心部ではもっと高いはずです」と証言する。

人気の犬は、一にも顔、二にも顔、三にも顔。見た目が可愛い子犬や子猫は、高額商品であっても飛ぶように売れたそうだ。

『元の値段が高い子でも安くすれば売れました。チワワ、トイプードルは定価を三万～五万円くらいに設定すれば、少しくらい体が大きくなっても買い手はすぐ見つかるんです。なかなか売れない子に対しては、ケージの外側に性格や特徴を可愛く書いたポップをつけて、とにかくお客さんの目を引くような工夫をします。それでも売れない場合は、さらにセール（安く）します。その判断は店長もしくは店長代理、月に一度店舗にくるエリアマネージャーの指示に従います。

月に一度、県外でイベント（期間限定特設会場）があるので、店舗で売れない子や成長してしまった子は、そこで買い手を見つけます。最終的には一万円くらいまで値を下げて販売するので、比較的売りやすかったと思います。イベント会場で売れない場合でも、私が働いていた店舗では、スタッフががんばって次回、次々回と何度も出して売っていました。最終的にスタッフが引き取って自宅で飼うこともありましたが、本社に病気以外の子を〝返品〟したことは私の中では記憶にありません。

「売れ残った子はどうするの？」お客さんから聞かれることは何度かありました。「みんな最終的にはかならず買い手が見つかります」と答えるよう指導されていましたから、かならずそう答えました。

お店に〝納品〟されたときから病気にかかっている子や先天異常の子は、裏（バックヤード）に引いて生態担当が治療にあたります。展示中に病気になる子は、わりと多かったです。生態担当のスタッフの手に負えない場合は、近くに所定の動物病院があるので、先生の指示に従って薬を投与します。それでも治らなくて売れないと判断した場合に限って、本社に〝返品〟していました。

生物《いきもの》なので展示中に死んでしまう場合もあります。火葬代の請求は本社から認めてもらえなかったので、うちのスタッフは毎月五百円ずつカンパをつのって、近くのペット霊園で供養していました。一度だけですけど、展示中に死亡した子をゴミ捨て場に捨てに行ったことがあります。そのとき「普通、ほかの店舗ではゴミとして扱っているから問題ない」と先輩から聞いて、ああいいんだなと内心ほっとしたことは覚えています。

お客さんに売るとき、抱っこさせたら勝ち、とまでは思っていませんでしたが、目の前で購入をためらう人がいたら、やっぱり抱っこさせちゃいました。もちろん、その子の特徴や可愛い部分を目いっぱいアピールします。私が働いていた店舗は、人がたくさん通るアーケード街にあったせいか、お客さんは飛び込みの方がほとんど。ちょっと立ち寄って気に入った子がいれば、そのまんまの勢いで買っていくケースです。でも私が働いていた店舗では、明らかな衝動買い、見るからに不誠実そうな人には積極的には売らないようにしていました。

クレームによる〝返品〟は、基本的に受けつけないことになっていました。吠えるかむのクレームは電話ですませます。病気についての質問は、購入時にペット保険に加入してもらうので全部お医者さん任せです。先天異常の子に限って〝返品〟が認められることはありましたが、それはレアケースです。

クレームで特に多かったのは、店員がおとなしいと言っていたのによく吠える、かみ癖があるのに購入前に説明がなかった、などです。その場合、お客さんに販売したスタッフが電話で説明します。どんなにきつく叱られようと、私たちは、「犬は生物なので……」の一点張りで納得してもらうしか手はありませんでした。

比較的大きな子やワクチン接種が終わった子は、まれにアーケード内を散歩させることはありましたが、展示中の子の散歩はほとんどしませんでした』

Yさんがこの店を辞めようと思った動機は、アルバイトや社員含め、人員の総入れ替えをするとのうわさがまことしやかに流れ、若いスタッフ間に動揺が広がったこと。間もなく五人の先輩が職場を去り、Yさん自身も働きつづける意欲がなくなり、店長代理に退職願を提出した……。

『従業員の出入り（就職、離職）はひんぱんにありました。正社員であっても突然辞めてしまうことは多かったです。働いていた当時はその感覚はありませんでしたが、勤務実態は今にして思えば明らかにブラック企業です。スタッフの質、衛生面、お客さんへのアフターケアもぜんぜん整っていませんでした。販売スタッフの動物に対する知識も、個人差はありましたが、正直言ってみんな素人同然です。接客中に誤った情報を伝えたり、嘘をついてしまう人もいましたし、最初に受ける面接では知識や経験が問われません。会社から求められる仕事のスキルは笑顔と元気と販売力ですね。

私はアルバイトですから直接関係ありませんが、正社員と契約社員には厳しい販売ノルマが課せられていました。ノルマが達成できれば高いインセンティブ（報酬）があって、達成できなければペナルティ（罰則）が科されます。

店舗の天井には監視カメラが設置されていて、私たちは逐一行動を監視されていました。店舗周辺での宣伝用ビラ配りは毎日かならず一時間。これはノルマで個人的にはそれが一番いやでした。

犬猫の殺処分数が年間約二十三万匹（二〇〇九年度の犬猫の殺処分数。環境省調べ）もいたことは、この取材を受けるまで知りませんでした。一緒に働いていた仲間たちも知らなかったと思います』

……ぼくはペットショップやブリーダーそのものを全否定しようとは思わない。信頼できるペットショップやブリーダーも数多くあるだろう。しかし、売りさえすればいいと商用主義に突き進む悪徳業者がいるのも事実だ。先天異常の影響を軽んじて、異なる犬種をかけ合わせ、生まれつき障害をもった犬猫が市場（マーケット）に出ていく悪の構造はたしかに存在している。

Yさんの話を聞いたあと、玲や和美からも、身近な業者にまつわるいくつかを聞いた。

玲から聞いた事例……。

動物看護学校時代、同学年の男子学生がウサギ専門のペットショップでアルバイトをしていた。店舗のバックヤードでは、奇形の雌ウサギが繁殖用として酷使され、奇形の母ウサギからまた奇形の子ウサギが生まれる負のスパイラルに陥っていた。それを目の当たりにした男子学生は、いやになって辞めてしまった。

市内のペットショップでアルバイト経験をもつ、和美の専門学校時代の同級生（女性）の例……。

その店ではブリーダーから子犬を仕入れる際、空調の利きが悪いワゴン車で搬送していたため、途中で衰弱死するケースがたびたびあった。山あり海ありの内陸性気候の熊本県では、夏に気温が三十五度を超す猛暑日になるのは珍しいことではない。

弱り切った状態で納入されてきた子犬を見て、店長がぼそりと放った一言……。

「病気だから思いきり安くして販売しちゃえ」。

和美の友人は良心の呵責《かしゃく》にさいなまれ、翌日退職願を書いたそうだ。

和美から聞いたほかの事例……。

市中心部に立っている子ども文化会館のそば。かつて柴犬を専門に扱っているブリーダーの繁殖場があった。短期アルバイトで働いていた友人の言葉では、おぞましいほど劣悪な衛生環境だったということだ。

数段に積まれたケージには繁殖用の雌犬が一匹ずつ詰められていた。下段のケージの犬が動くたび、上段のケージも一緒にぐらんぐらん揺れる。猛暑の季節になると、じっとりと湿った室内にはウジ虫が湧くほど。見るに見かねた友人が雇い主に改善を強く訴えたとたん、「もう明日からこないでいい」と、一方的にクビを宣告された。

のちにその繁殖業者は動愛法違反の罪で罰金刑に処せられたが、現在は登録名をすり替え、再びブリーダー業をつづけているという。

いかに動愛法の規制が厳しくなろうとも、その隙間をすり抜ける悪徳業者が、姿かたちを巧みに変え、依然として存在する。素人が容易に立ち入れない裏社会が関与しているらしい、とも囁かれている。

うわさ

本筋に戻って二〇一〇年四月。愛護センターの臨時職員としての務めを終えた玲は上京、板橋区小竹向原《こたけむかいはら》にある小さなアパートに住みながら派遣会社の職に就いた。派遣先は中野区に自社ビルを構えるクレジットカード会社。

新規申込書の記入漏れや不備がないかを確認したのち、相手が個人事業主なら過去にカード引き落としの滞《とどこお》りがないか、法人ならば違法性のある商品を取り扱ってはいないか、事業が公序良俗に反してはいないか、など商工会議所のデータと照合しながら事前審査をし、決裁権のある社員に判断を仰ぐ係。

派遣職員の枠《わく》にとらわれない玲の仕事ぶりが高く評価され、社内のＯＪＴ（オン・ザ・ジョブ・トレーニング）の教育係として抜擢《ばってき》、大勢の新人を取り仕切る立場になっていた。

憧れの都会生活だったが、パソコンの前にほぼ一日中張りつけの毎日……。部屋に帰ってふと我に返ると虚しさを抱えている自分がいた。

それなりに楽しくて、それなりに退屈。

派遣会社との契約満了を待たずして帰郷した玲は、地元で新しい仕事を探し始めた。

――愛護センターで培った経験を生かせる仕事はないかしら。

そんな矢先の二〇一三年三月、和美から電話がかかってきて、ひとしきり思い出話に花を咲かせた。

嘱託職員として五年目となる和美は、今月で契約が切れるという。その穴埋めとして愛護センターでは臨時職員の急募をかけており、それに玲が応募してみたらどうか。そんな話だった。

――望みが叶うなら、元いた職場に戻って犬や猫とふれあえる仕事がやりたい。

「和美ちゃんは愛護センターを辞めたあと、どうするの？」

さらりと尋ねたつもりだったが、彼女は意外なことを口にした。

「私、来月から県の管理センターで働くことになった」

思わず息をのんだ。

結局、玲は愛護センターの面接試験を受けた。筆記と面接。だめだった。

このとき玲が所有していた資格は、家庭動物販売士三級以外にトリマーB級（一般社団法人ジャパンケンネルクラブが発行する公認資格）。のちにわかったことだが、すでに愛護センターにはトリマー担当の臨時職員が一人勤務しており、動物看護師の資格をもっている、ほかの応募者が選ばれたのだ。

自信をもって臨んだだけにみじめだった。

それから半月後。

和美から再び電話。世間話もそこそこに本題が切り出された。いよいよ四月八日から管理センターで働き始める、という。

「よかったら一緒に働かない？　犬のふれあい方教室を始めるにあたって、私以外にもう一人経験者はいないか？　って県の人からお願いされたの。面接を受けてみない？」

唐突のことに玲はとまどった。

「私、管理センターを変えたい。処分するだけじゃなく、助けたい子がいたら譲渡できる。新しく入った所長はそう約束してくれたし、自分の好きなようにやっていいとまで言ってくれた。もしかしたら正規雇用じゃなくて週に二日くらいのパート契約かもしれない。だから無理には誘えない。けど、もし次の仕事が決まっていないなら考えてみてくれない？」

和美の言葉は熱を帯びていた。

だが管理センターに関して人づてに聞こえてくるのは悪いうわさばかり。愛護センターでは、止むに止まれぬ事情があったときに限り麻酔注射による安楽死処分を行うが、殺処分専門施設である管理センターは、すべて二酸化炭素ガスによって窒息させる殺処分。

愛護センターで働いていたとき、事務室に出入りしていた市民ボランティアから、管理センターの内幕を聞いて衝撃を受けた記憶がある……。

「檻の中で宙ぶらりんになって猫が死んでいる」

「大きな犬が子犬を食い散らかしている」

「餌なんかろくすっぽ与えられていない」

「歴代所長のポストは県職員OBで占められていて、退職した幹部が就く指定席になっている」

これから管理センターが犬猫の譲渡ができる態勢に変わっていくのなら、そこで働くことは自分にとって大きな意味があるように思える。

現場の殺処分がいかなるものか、数例だが愛護センターで目にしている。動物の死に対して素人よりも耐久性は備わっているつもりだ。しかし……。

「きっついだろうね」

ポロリと本音がこぼれた。

「うん、メンタル的には疲れると思う」

和美ははっきりとそう言った。

それから、たわいもない世間話をしてから通話を切った。
しばらく経って意を決した玲は、机に向かってペンをとり、履歴書をしたためた。

第二章　厳しい現実

犬房《けんぼう》

二〇一三年五月七日、ゴールデンウィーク明けの火曜。玲《あきら》の出勤初日の朝は快晴の空におおわれていた。

管理センターで働くことについて、両親に反対されなかったことにホッとした。立ち入った詳しいことは話していない。話しても理解してもらえないだろうし、いらぬ心配をかけたくなかった。

赤茶色の煉瓦《れんが》で囲われた厳《いか》めしい門扉。入ってすぐ左手には巨大石碑《せきひ》。〈慰霊塔〉と彫られた文字が金色に浮かび、手前には白い花が数本手向けられている。

向こう正面に見えるのは一九七九年に完工した本館である。左のプレハブ車庫には白いトラックが二台。その手前を目つきが鋭いひょろりとした男が歩いている。来意を告げたが、素知らぬ顔のまま建物の中へと姿を消してしまう。

石碑と隣り合わせに、ブロック塀で囲われた和風構えの木造家屋。その場に突っ立ったままの玲に向かい、大きな声で呼びかけてくる男がいる。多田《ただ》である。

「かの昔、この施設ではものすごい数の犬猫を処分していて、それこそ数年前までは焼却炉を毎日一日中稼働させておく必要があったんです。そこで、炉を四六時中見張る管理人を寝泊まりさせるために建てられたのがこの家。ちゃんと庭もあるんですよ」

柔和な笑みを浮かべながら多田はそう言うと、木造家屋の裏手にある、落葉しているリンゴの樹の下から手招きをしてくる。

促されるままつづくと、庭の東南角には手入れの行き届いた小さな菜園。ガラス越しに透けて見える十畳ほどの和室の床の間には、色あせた掛け軸。奥には台所も設《しつら》えてある。

「ただ、数年前からは少しずつ処分数が減ってはきていて、炉の状態を監視する管理人を常に置く必要がなくなった。だから今は空き家になっています。将来的にはここで譲渡講習会をやりたいと思って、畳はもう新品に張り替えてもらっています」

そう言うと多田は、本館の南向きにある裏の通用口へとすたすた入っていく。

男臭い靴箱から適当なスリッパを抜いて履き、狭く暗い廊下を進む。右に畳の小部屋、男性用便所とつづき、十歩ほど歩くと事務室がある。

机と椅子が三席×二列ずつ向き合って並ぶ。気難しそうな顔で腕を組んだり、ノートパソコンの画面に目を落としたりしている強面《こわもて》の三人が廊下側に並んで座っている。

「小嶋《こじま》さんの席はぼくの隣です」

多田があごをしゃくって指さしたのは窓側の中央席。この列……窓を背にして右隣が和美《かずみ》、真ん中が玲の席となる。玲の左隣が多田の席。和美は子どもの病気が理由で午前は休暇を取っているとのこと。

廊下側に陣取るのは管理担当の技術員たち。中央の席は、さきほど車庫付近でうろうろしていた田邊哲夫《たなべてつお》。右横の一番若そうな大男は武田剛《たけだつよし》。左横は背が低めで小太りの池上忠明《いけがみただあき》と紹介された。

玲は三人の特徴と氏名を素早く頭に叩き込んだ。

きわめて簡単な挨拶が終わると、彼らはそそくさと席を立ち、玲の隣の席に座った多田が、ずずず……と耳障りな音を立てながら湯飲み茶碗をすする。

壁かけのホワイトボードには、黒マジックで各自の週間計画が書かれてある。

【保健所からの搬入もしくは管理センターから各保健所への回収】

月曜／午前　火曜水曜／午前と午後　木曜／午前のみ　金曜／（空欄）

月曜／処分と灰出　火曜／焼却　水曜／灰出　木曜／処分と灰出　金曜／焼却と清掃

午後一時から出勤してきた和美とともに、玲は保管施設へ向かう。なにはともあれ、犬猫が収容されているところを自分の目で確かめておく必要がある。

本館は「事務室」「飼料室」「指導相談室」（玲が面接を受けた部屋）以外、すべて収容動物のための保管もしくは殺処分のためのスペースだ。

靴箱でスリッパを脱ぎ、真新しい白ビニールの長靴を履く。いったん裏口から外へ出てから、本館沿いに反時計回りで歩いていく。裏口の反対側にはゆるやかなスロープ。その奥は頑丈なシャッターで閉じられている。

搬入口である。

施錠を解除してからノブを回すと、右手には業務用のドッグフードがうずたかく備蓄された飼料室。その向かい側には、焼却炉に繋がる小さな階段が下方へと伸びている。

太陽の光が入らない密室には、むーんとした湿気が充満している。

外からは、けたたましく鳴り響く回収トラックのエンジン音……。


四室に別れた「成犬犬房」。向かって一番左の犬房（幅三メートル×奥行き六メートル）には、十四余の雑種犬がまばらに入っているが、ほかの三室には一匹も入っていない。

「連休前にまとめて処分されちゃったから、今いるのはこれだけ」

……つまり、今日の朝、技術員が保健所に回収に行って帰ってきた、十一時二十分以降に収容された犬ということだ。

ノイヌ（山野で生まれ自活している、完全に野生化した犬）や土佐犬のような闘犬種以外、搬入口から一番距離が近い左端の犬房にまとめられるのが通例だという。

ペンキの塗装が剝げ落ちた鉄格子の隙間から、子犬の前足がはみ出して、宙をかきむしっている。あどけなさを残した柴系の雑種。ハアハアと不規則な息づかいをしながら、駄々をこねるように身をよじっている。

この施設の収容能力は、成犬二百匹、子犬百匹、猫三十匹だという……。

通路を挟んで成犬犬房の向かいには「猫室」と呼ばれるステンレス製の水洗式ユニットケージが五列×三段。二台隣り合わせに並んでいる。

数匹の成猫が下段側に一匹ずつ、小さめの猫は中段から上段に収められている。

母猫と乳飲み子が一緒にされている猫室もある。「一腹《ひとはら》」＝一匹としてカウントされるとのこと。

ケージの底面は、粗めのスノコ状（パイプ床）に組まれており、猫の足元には間断なく水が流れ、排泄物は横ドイと縦ドイを伝って中央通路の排水溝へと流れ落ちる仕組みになっている。

「みんなが休みの週末に水道の流れを止めてしまうと、悪臭が充満しちゃうから、蛇口は四六時中開けっ放し……」

ケージの奥から鋭い目を光らせている大きな図体の老猫がいる。その視線の先の中央通路には、キャスター付きの鉄カゴが転がっている……。

中に入れられているのは、生まれて間もない子猫が数匹。麻袋に詰められた状態で、じっと息をひそめている。

「毎週月曜に処分して、火曜か水曜に入ってくる子が多かったときは木曜の朝。午後にも入ってきたら、金曜の焼却日に間に合わすためにその日の夕方もう一度。一日二度もするのは週をまたぎたくないからだって」

木曜の午後以降に収容されてくる犬猫は翌週の月曜にまとめて処分されるという。

猫室の左隣には「子犬犬房」と呼ばれる小さなサークルが四区画。その左隣には危険犬を隔離するための「咬傷《こうしょう》犬室」が三区画。そこは空であった。

午後の一時三十分、回収トラックが戻ってきた。

バック運転で搬入口に入ってくるトラックの荷台は、おびただしい数の犬猫であふれかえっている。

険しい顔で運転席から降りてきた技術員の二人は、慣れた手さばきで犬房へと犬たちを追い込んでいく。

犬房の中央通路に放り出された一匹が、腰を抜かしてへたり込んでいる。首根っこを荒々しく捕まえた一人が、氷の上を滑らせるようにずるずると引きずっていき、檻の中へむりやり頭から突っ込む。

失禁している犬。背骨が曲がって動けない犬。がりがりに痩《や》せこけ、あばら骨が浮き出ている犬。額の傷から膿《うみ》がしみ出している犬……。

檻の中で力なく倒れ込んだ老犬は、のしのしと歩き回る若犬に踏みつけにされながら、わななくだけでなす術もない……。

歯をむき、激しく抵抗している犬もいる。

技術員の一人は、「ワンキャッチ」と呼ばれる捕獲棒（先端にある針金の輪を犬の首に回しかけ、手元のひもを引っ張ると輪が小さくしぼむ）を使いながら、あばれ回る犬を宙に吊り上げ、檻の中に豪快に投げ飛ばす。

左端の犬房は、またたく間に大勢の犬で埋めつくされていく。

すべての犬を入れ終わると次は猫。それぞれ首根っこやしっぽを捕まえながら、無造作に猫室に押し込んでいく……。

殺処分

同じ週の木曜。朝の空はどんよりとした鈍色《にびいろ》。

ブラウン管式テレビの斜め上、壁掛け時計の針は八時半を示そうとしている。

「……そろそろ」

和美は口の動きで言った。

一番左側の犬房にひしめく犬たちは、すでに不穏な空気を察知しているようである。水を打ったようにシンと静まりかえっている。

ほどなくして、コツコツと踵《かかと》を鳴らしながら、技術員の一人が姿を現す。

男の格好は、胸までおおいつくされたビニール製の白い前垂れ、白いマスクに皮手袋。ついいましがたまで事務室でくつろいでいた姿とはまるで別人である。

檻の前にはリモコンが垂れ下がっている。

極度に興奮した犬が一斉に吠え立てるが、技術員は表情を変えぬまま、リモコンのボタンを指で押しつぶす。

……同時に鈍い機械音。上下に動かすことのできる後ろの檻だけが上へとせり上がっていく。

前屈みになった技術員は、手前の檻をレールにそってがらがらと両手で押していく。浮き足だった犬たちはあらがいきれず、奥の「追い込み通路」へと押し流されていく。

追い込み通路で立ち往生している犬に向かい、今度は右方向から「追い込み扉」と呼ばれる手押し式の鉄柵がせまっていく。圧《お》されて行き場を失った犬たちは、いやおうなしに反対側へ向かって歩き出す……。

正面のどん突きには〈死地〉が待っている。処分機は間口部百四十センチ×奥行き百四十センチ×高さ百五十センチ。

技術員は大股で追い込み扉をぐいぐい繰り出していく。

なぎ払われ、逃げ場を失った犬。ドスッ、ドスッ。肉と肉が激しくぶつかり合う音……。

もはや秩序は存在しない。あるのは問答無用の暴力だけだ。

すべての犬が処分機に収められると、つづいては猫。

一匹ずつ手でつまみ出され、まとめて鉄カゴに入れられる。麻袋の中に入った子猫とともにゴロゴロ転がされていき、同じく処分機の中へ。

ガシャン。

乾いた音を発しながら処分機の扉が密閉される。

「かわいそう」

立ちくらみを覚えた玲はその場にへなへなと座り込んだ。

しばらくすると、

「あっちへ行こう」

意外なほど落ち着いた声に我に返る。操作盤が設置されている踊り場へとつづく八段の階段を駆け上る。盤面のすぐ横には処分機の側板。そこでは円形のガラス越しに内部の様子を覗くことができる。

蛍光灯に照らされ、大小折り重なった犬猫がくんずほぐれつ、ぐるんぐるん回転している。

玲は無我夢中で技術員の足元で身をかがめ、覗き窓に顔を近づける。

大きな真っ白の犬がすぐ手前でもがいている。なにが起きているのか飲み込めていない様子で、玲の顔を見つめながら……。

やや間あって。

中腰体勢の技術員が盤上のボタンに手をやる。

シューという不快な音がすると、犬たちの目玉は大きくひんむかれ、苦しげに口を開け閉めし始める。

犬たちが一斉にあばれ出したとたん、白い犬はどうと横倒しになり、玲の視界からけし飛んだ。

ほの白くなっていく窓の中。カリカリと壁をひっかく爪の音。突っ張った犬の前足や後ろ足が窓のガラスに押しつけられている。

……それらは、やがて力を失っていく。

もう正視できない。思わず目を背けてしまう玲。

「そらしちゃだめ」

かすれた声が上から聞こえた。和美が玲の横でひざまずき、静かに手を合わせている。

――神様。

数分後、すべてがこときれた。

しばらくすると技術員は、何事もなかったかのようにその場を離れていく。

膝小僧に手をやりながら立ち上がった和美は、放心状態の玲に向かって言った。

「かわいそうだけど、かわいそうっていうそのときの感情だけで終わらせてしまったら、あの子たちがもっとみじめになっちゃう気がする」

和美は瞳をうるませながら、つぶやくように言葉を継ぐ。

「この仕事に就いている以上、現実から目をそらしちゃいけないって私決めたの。こんな苦しい思いをしながら死んでいくあの子たちがみんな天国に行けるように最後まで見届けて、自分の心に焼きつける。そう決めたの」

犬の亡骸《なきがら》が入っている処分機の底板が斜めに跳ね上げられ、中で変わり果てた姿を晒《さら》している犬は、処分機下部にある箱型の移動ユニットに向かって横滑りにずり落ちていく。移動ユニットはレールにそって天井高く昇っていき、上部が開いた状態になっている炉の真上に到達すると自動停止。底板が外されると、生々しい落下音を響かせながら、亡骸は火床へと雪崩落ちていく。

しばらく玲は立ち上がることができない。

金曜は収容も回収もない、週でもっとも平穏な日である。

朝一番、技術員は焼却処分の準備を開始している。

ダイオキシン対策が施された一括投入型の「動物・汚物・畜産系廃棄物焼却炉」の焼却能力は一回につき成犬三十四。

作業の段取りは、まず猫の亡骸が入っている鉄カゴを処分機から引き出し、改めて一匹ずつ燃焼室の中に移し替えていくことから始まり、これ以降は、すべてボタン操作による自動運転となる。

午前中いっぱい高温度のバーナーで燃やしつくされたあと、炉内で冷やされる。

翌週月曜の朝、焼けてからからになっている無数の骨は、棒で掻き出され、ビニール袋に詰められる。ビニール袋の数が一定量に達すると、「廃棄物の処理及び清掃に関する法律」に基づき、一般ゴミの扱いで隣の環境工場に運ばれ、最終処理される。

……午後。三人の技術員は松やバラが植わっている中庭の草むしり。一息入れたあとは敷地内の清掃、犬房の清掃。ひととおり終わったら、お茶を飲みながら事務室のテレビを見たり、自席でパソコンのゲームにいそしんだり、裏庭の菜園で露地野菜の手入れをしたり、終業までの時間を思い思いに過ごしている。

多田からは、犬のふれあい方教室の具体的なプランを煮つめてほしいと指示されている以外、ことさら果たすべき任務は与えられていない。愛護担当とは一定の線を設けている（らしい）技術員たちから仕事を頼まれることもない。

ぼやぼやしてはいられない。こうしているうちに、どんどん犬や猫が殺されてしまう。

玲と和美はみずから行動を開始した。

和美は迷子札の必要性を訴える啓発ポスター制作、玲は猫の繁殖能力の高さを図で表したチラシ制作に着手。環境省発行のパンフレットでは、一匹の雌猫から一年後には二十匹以上、二年後には八十匹以上、三年後には二千匹以上に増えると試算されている。ポスターが完成すると二人で手分けして県内の各保健所に配布し、掲示板に貼ってもらうなどした。

つづいて試みたことは、犬房の中で一匹ずつ公平に餌や水を与えること。

生きられる時間はわずかでも、少しでも穏やかな時間を過ごさせてやりたい。そんな思いを抱えての行動だが、それができるのは技術員が不在のときだけだ。

管理センターとは、あくまで殺処分する場所であって、怪我を負っていようが、ほかの犬からかみ殺されていようが、技術員は一切手を出さない方針だという。

でも、犬に直接触ると手にとるようにわかる。彼らが人間の温もりを強く欲していることを。

和美が犬房の中を見つめながら言う。

「衰弱した子がいても、喧嘩が起きても、みんな我関せず……、さすがに私が見ているときは空いている別の檻に移してあげるけど……」

朝、犬房を覗くと、すでに死んでいたり、瀕死の状態で横たわっている犬がいたりする。胴や首を食い破られて半死半生の小型犬もいたりする。

犬同士で順位づけをするからだ。

収容直後は、互いに牽制《けんせい》し合い、一定の距離を保とうとしているが、しだいにボス的立場の犬が現れて自己主張をし始める。テリトリーを侵したり、刃向かったりしてくる者に対しては、致命傷を負わせるまで徹底的にいじめ抜く。

失敗の記憶

……ノイヌらしき成犬が三匹、管理センターに収容されてきた。

犬房の中に入れられるやいなや、一匹のノイヌが殺意の声を発しながら、一番奥に引っ込んでいた子犬の喉仏めがけて、がぶりとかみついた。逃げまどい啼《な》き叫ぶ子犬を強引に引きずり倒し、さらに鋭い一撃を加えようとする。

たまたまその場に居合わせた玲と和美が間に入った。和美がおやつで誘いながらノイヌを通路に誘導し、その隙に玲が子犬を抱きかかえ、隣の犬房に連れ出した。

そのとき背後から、おおげさな舌打ちが聞こえた。

眉間《みけん》に盛大なしわを寄せている田邊《たなべ》である。

「檻の中に身一つで入るなんてどうかしている。かまれたら自分だけの問題じゃすまない。そもそも犬が脱走してしまったら君らに責任とれんのか」

と気色《けしき》ばんだ。

責任の所在はさておき、玲と和美にも専門員としての立場がある。

「問題行動がある子を見つけた場合、すぐに別の檻に分けてあげるべきです」

そう強く訴えたが徒労に終わった。色をなして反論してくる田邊のしゃがれ声を聞きながら、過去に愛護センターでしてしまった失敗経験がふと脳裏をよぎった。

……あのときは愛護センターに入所してまだ二か月足らずで、完全に自分の不注意。仕事にも少しずつ慣れてきて、たがゆるみ始めたせいかもしれないし、犬の習性をもっと深く理解していれば未然に防げたことだった。

そのとき、獣医師や業務係の職員は全員犬舎の中におり、犬を繋いでいるスロープの周辺には誰もいなかった。

職員からヒデヨと呼ばれていた雑種の中型犬に餌を与えている最中、すべてたいらげたと思い違いをした玲が、なにげなく食器に手を伸ばした瞬間、強い力でかまれた。

鋭い痛みが走り、パニックにおちいった。こんなに激しく犬にかまれたことははじめての経験で、そばに置いてあった水入れの容器をとっさにつかみ、地面めがけて打ちつけながら大声で助けを呼んだはずだ。

自分なりに注意はしていたつもりだった。

ヒデヨは普段から棒状の物には敏感に反応していたし、ホウキで床を掃いているだけで全身が硬直してしまうなど、神経質な性格をもっていたからだ。

おそらく元の飼い主から日常的に叩かれていたんだろう。

周りの職員たちは口を揃えてそう言っていた。

ヒデヨにかまれたことは告げなかった。どんな理由であれ、職員をかんだ事実が表沙汰になれば、咬傷犬の扱いにされてしまうからだ。

ずきずきと痛む傷口を水道水で洗い流し、上着の袖で隠しながら誰にも気取《けど》られないよう、努めて冷静に仕事をつづけた。いの一番に玲の異変を見抜いたのは、ほかでもない和美である。

「お願い。ほかの人に知られたらヒデヨが処分対象リストに入れられちゃうから内緒にして」

和美はわかったとうなずいた。そのまま一時間ほど放っておいたところ、腕の傷口はパンパンに膨れてしまったのだ。

観念して犬舎の横手にある検査室に消毒液を取りに入った。その場にいた先輩の獣医師がびっくり仰天している。すでに玲の右手は肩の上まで上がらないほど大きく腫れ上がっていたからだ。

すぐさまヒデヨは檻から引きずり出され、犬舎裏の通路に繋がれた。かつてここは、処分機に向かう追い込み通路として使われていた場所である。

このときは運よく不問にふされたヒデヨ。元の鞘《さや》に収まったときはしっぽを千切《ちぎ》れんばかりに振って喜んだが、後日、新人の職員が玲と同じような状況でかまれてしまったとき、二度目の赦《ゆる》しはなかった。

……入所してから二か月。実際に殺処分の場面に立ち会ったときは相当ショックだった。もとはと言えば、こうなった引き金は、自分のしでかしたミスからなのである。

このとき、ヒデヨとともに殺処分対象に選ばれたのは六匹。

さんざん手をつくしたが吠え癖が矯正できず、一般家庭で飼うのは困難と判断された二匹の雑種……職員からはそれぞれトラ、ジャッキーと呼ばれていた。

真菌《しんきん》（強いかゆみを伴うカビの一種。赤い発疹が起こり、円形状にはげる）という皮膚病に苦しんでいた雑種二匹。名前はカブとハナ。元気がよすぎて暴走癖のある秋田犬。名前はアポ。もう一匹はノイヌ。

殺処分は検査室で行われた。二段階に分けての麻酔注射を打つのは獣医師一人と立ち会い人の役割をまかされた二人。

一本目の注射は鎮痛鎮静剤を筋肉に打つ。やがて昏睡状態におちいった犬はぐったりとなる。二本目の注射はペントバルビタール（強い麻酔薬の一種）を静脈に打つ……。

ヒデヨ、アポ、トラ、ジャッキー、カブ、ハナは、若い獣医師の胸に抱かれながら、獣医師の手を舐《な》めつづけていたが、一本目の注射から約三十分後、舌を出しながら絶命した。

「なるべく安楽死に近い方法でと思ってやっているけど、これを安楽死とは呼びたくない。これはまぎれもない殺処分だし、間近で直視するのは正直つらい。やっぱり飼い主の腕の中で眠るように死んでいくのが本来の安楽死だと思うよ」

はがゆそうにつぶやく獣医師。

つづいてノイヌ。注射針をもつ獣医師に牙《きば》を剝き、危険な状態である。業務係が繰り出すワンキャッチ棒で首をくくられ、ケージの外側から強引に麻酔を打たれた。最後まで激しく抵抗しつづけたノイヌは悶絶に近い形で絶命。緊張や興奮状態のときに副腎髄質から分泌されるアドレナリンによって麻酔効果が著しく弱まっていたからだった。

その日の帰り道、原付バイクを走らせながら、玲は慟哭《どうこく》を抑えることができなかった。

技術員たち

玲が管理センターに入って一月《ひとつき》あまりがすぎた頃、人間模様のあらましが見えてきた。

技術員の中で一番ベテランの田邊は六十四歳。この仕事に就く前はアパレル関係の会社で働いていた。会社の倒産を機に転職。自称、犬ぎらい。特に大きな声で啼く犬は大の苦手。「純血種できれいな犬はよい犬」という独特な感性のもち主で、自宅ではトイプードルを飼っている。

物静かな性格の池上《いけがみ》。犬種は知らないが自宅で小型犬の純血種を飼っている。田邊より一歳若く、武田《たけだ》よりも七つ歳が上。ここでは二番目の古株。自衛隊を定年退職し転職した。温厚なので、ほかの技術員には訊《き》けないようなことや頼みづらいことも比較的応じてくれる。

もっとも若い（といっても五十六歳だが）武田。元自衛隊。田邊同様「俺は犬も猫も好きじゃない」と歯に衣着せぬ物言いを連発するが、田邊が気分を害しているとき、クッションの役割を果たしてくれる現場の調整役だ。

和美が入所した直後、田邊に対し、「できる限り犬を多く残したいので協力してくれませんか」と相談をもちかけた際、

「俺たちは関係ないから所長に言ってくれ」

そう言われてしまったそうだ。

そのとき武田から、

「田邊さんを相手にするときは、顔色をうかがいながら丁重に相談するようにしなよ。虫の居所が悪いときにはなにを言っても無駄だから」

と助言されたという。

殺処分のとき、自分の足では歩けないへっぴり腰の犬がいる。恐怖のあまり卒倒する犬もいる。彼らはそんな状態の犬を処分機の前まで引きずっていき、力ずくで扉を閉めてしまう。その痛ましさはまともに直視できない光景だ。

処分機の扉は下から上へと閉まる構造になっている。犬の数が多いとき、まれではあるが、処分機の中に収まりきれず、前足や後ろ足が外にはみ出していたり、扉に引っかかったままでいたりする。それでも彼らは構わず密閉してしまう。

扉を閉じる瞬間に発せられる悲痛な叫び声が耳に届かないはずはないのだが……。

それを見て以来、すべての犬や猫が完全に収まったかどうか、小さな変化も見逃さないよう最後まで目を光らせることが玲と和美の仕事になった。ガスの充塡が不完全だったり、体の一部が外にはみ出していたら、彼らに「出ています！」と知らせるためだ。

――そもそも、殺処分をしているとき、彼らは心に痛みを感じているのだろうか？

――たぶん感じていない。感じていたら、あんな仕事なんて絶対にできない。

それにしても。彼らが毎日している犬房の清掃は荒々しいの一言につきた……。

始めるときは、前檻を後ろに動かして完全に犬の動きを封じ込めた状態にしてから行う。それから洗浄機の高圧噴射で床に飛び散っている排泄物を吹っ飛ばし、中央通路に掘られた排水溝に落とし込んでいくのだが、玲と和美にとって見逃すことができない行為が一つある。

回収トラックから犬を降ろして犬房に追い込む際もそうだが、技術員はノズルの先端をまっすぐ犬に向けてしまうのだ。

衛生管理の目的とはいえ、ジェット放水をもろに食らう犬はたまったものではない。はじき飛ばされ、濡れねずみになりながら、ひたすら堪え忍ぶしかないのである。

入所した当初、玲と和美も高圧洗浄機を使いながら犬房の床掃除をしていた。

だが使っているうちに妙なことに気づいた。電源をオンにしたとたん、周りの犬たちはしぼんだ花のように、しょんぼりとうなだれてしまう、あるいは動きが固まってしまうのだ。

密室に響き渡る大きな音が強烈なストレスを与えているのは間違いなかった。それを理解してからは、水道管から伸ばしたホースの水を使い、モップがけで床を洗い流すようにした。これだと時間はかかるが、掃除している間、犬たちは落ち着いた表情を見せるようになった。

保健所との温度差

管理センターに入ってくる多くは迷子犬だ。

左端の犬房の中の黒毛の雑種を見ながら、「この子、どこかで見たことがある……」と首を傾《かし》げているのは和美。半年ほど前に愛護センターから譲渡された兄弟犬に体毛の特徴が似ているという。

保健所の情報によれば、その犬は捕獲されたその日のうちに管理センター送りになっている。

ともあれ、まだ飼い主が探している可能性がある以上、このまま放置はできない。

「とりあえず隣に分けて入れてもいいですか？」

田邊に許可を取ろうとしたところ、案の定だが、「飼い主が捨てたに決まっている」ぴしゃりと退けられる。……なにを訴えても、らちが明かない。田邉が外出したときを見計らい、和美は独断でその犬を右隣の犬房に移した。

それから事務室に戻り、古巣の愛護センターに電話をかけた。懐かしい声の獣医師が出た。

「そちらから引き出された犬かもしれないんです。特徴がわかりやすい写真を今からメールするので、愛護センターの記録台帳と照合して調べてもらえませんか？」

と頼んだ。

記録台帳（抑留台帳ともいう）とは、犬が入ってきたときの日付、種類、体格、毛色、捕獲された場所、保護期限、性別、推定年齢などを項目別に分けて記載し、保健所や市役所、市民センターなどに文書で掲示するもの。愛犬の行方を捜している飼い主の出現を待つ期間として、最低二日間は公示の貼り紙をして一般に知らせないといけない、と狂犬病予防法（第六条）で定められており、個体ごとに台帳への記録が義務づけられている。

……それから三十分も経たぬうちに、愛護センターから折り返しの電話がよこされてきた。

「ビンゴ」

飼い主は人吉《ひとよし》保健所から直線距離にして約五十キロ離れた地域に住む男性。訊けば、山に狩猟に連れて行った際、行方不明になってしまったという。

それを知った玲と和美は飛び上がって狂喜乱舞したが、しばらくしてからなんとも言えない空虚感に包まれた。多田にことのしだいを説明し、

「すぐ飼い主さんに管理センターまで迎えにきてもらいます」

と言ったとき、そばで聞いていた技術員二人が、

「どうせ違う犬だろ」

「ここまでわざわざ引き取りにくるの？」

と、ぼそりとつぶやいたのだ。

見て見ぬふりをしろと言わんばかりに。

冗談かと思ったが、彼らの気抜けした表情を見て、とたんに気が重くなった。

飼い主が捨てたと最初から決めつけ、回収トラックに乗せてしまった保健所の対応や、救える命の可能性を蔑《ないがし》ろにしてしまう彼らの意識にどうしても納得がいかない。周囲との温度差を肌で感じた玲と和美であった。


前述したとおり、保健所での公示期間中は、元の飼い主が探しにくるか、一時預かりボランティアが保護するか、新たな里親希望者が名乗り出るのを待つしかないのだが、現実的な手段として、収容中の犬猫の存在を一般に知らせる手立ては、管理センターのホームページに写真付きで紹介されている「迷い犬・猫情報」あるいは「譲渡犬・猫情報」に頼るところが大きい。

だが収容された犬猫すべてが掲載されるとは限らない。

管理センターは受け入れるだけの立場で、譲渡に回すか、それとも管理センター行きか、そ

れを判断するのは、県の正規職員たる各保健所の狂犬病予防員（獣医師の資格を有する者。以下、予防員）の裁量にゆだねられている。

予防員がどんな判断基準にのっとって、ホームページに載せる載せないのふるいにかけているのか、実にあいまいなのだ。

若くて見た目がよい。性格的にも問題がない。そんな譲渡されやすいタイプの子犬でも載せられないことが多く、和美が犬房の中を見ながら小首を傾げる場面を、玲は何度も目撃している。

おかしなことはまだある。「迷い犬・猫情報」あるいは「譲渡犬・猫情報」は、保健所のパソコンから更新や削除がなされている。サイト名こそ【熊本県動物管理センター】だが、管理センターのパソコンにはサーバーでは一切ログインできず、コンテンツの中身には触れられない仕組みなのだ（現在は改善されている）。

だからこうするしかない。

例えば譲渡の可能性が高そうな子犬を犬房で見つけた場合、担当の保健所に電話を入れ、ホームページに載せてほしいと依頼する。首尾よく許可が下りれば、デジタルカメラに収めた画像をメールで送信し、「迷い犬・猫情報」あるいは「譲渡犬・猫情報」に載せてもらう……となるはずだが、互いのスケジュールや意思疎通の関係で手間取ることが毎回あり、実際のところ必要以上に時間と労力を必要とする。一事が万事、些細なことで手間ひまがかかるのである。

当時、県内に十か所ある保健所には、犬猫の譲渡に協力的なところと非協力的なところがあった。

まあまあ協力的な保健所は人吉保健所、水俣《みなまた》保健所、御船《みふね》保健所、山鹿《やまが》保健所、有明《ありあけ》保健所の五か所。丁重に申し出さえすれば快く協力してくれる。宇城《うき》保健所、八代《やつしろ》保健所はケースバイケース。寛大な対応を取ってくれたりはするが、基本スタンスとして管理センターがする譲渡には慎重な立場。

少なくともこの七か所では、昔のように収容期間がすぎれば管理センター行きのトラックに乗せるのではなく、おおむね十日から二週間程度はインターネットを使って情報を発信し、里親が名乗り出るチャンスを延長してくれる。流行種や若くて性格が温厚な犬に限っては、さらに保護期限を延長するよう努力してくれている。

反面、非協力的な保健所は三か所。

県の南西部、観光地としても名高い天草《あまくさ》地域に位置する天草保健所。観光施設近くの物産館の駐車場には、訪れた観光客が道に捨てる残飯を目当てにノイヌの集団が日々出現する。また周囲を海に囲まれた環境下でもあることから、釣り客が犬を置き去りにするケースがあとを絶たない。

阿蘇《あそ》くまもと空港から車で走って約三十分の距離にある菊池《きくち》保健所と県東北部にある阿蘇保

健所。ここから運ばれてくる犬の多くも野良犬もしくはノイヌ。

これら三つの保健所出身で、さらに成犬ともなれば、すなわち譲渡の可能性は限りなくゼロとなる。よちよち歩きの子犬であっても同様。譲渡や飼い主への返還に消極的な天草保健所、菊池保健所、阿蘇保健所が管理センターに移送する判断をした時点で、殺処分から免れることはまず不可能だ。

野良化した元飼い犬か、それとも迷い犬か、臨機応変な対応は保健所として背負えない。口を揃えて保健所の予防員はそう言うが、実際のところは、犬猫の譲渡をめぐり、ボランティアとの確執が過去に幾度か繰り返されており、問題発覚を恐れているらしいのだ。

「君たちなんのために犬を残したいの？　こっちではみな迷惑してるんだよ」

収容数が抜きんでている保健所からは、面と向かってこう言われる始末。

むろん野良化した母犬の子犬やノイヌの子犬ともなれば、よほど飼いかたに自信がある者でなければ飼育は難しい。しかし生後五か月以内であれば、その後のしつけかたしだいで十分馴れさせることはできる。玲と和美は自分の経験からそれを知っている。

……犬房の中。車にはねられたと思われる白茶の雑種。一歳前後。片方の目がつぶれ、右前足も折れ、体のいたる箇所に出血痕が見られる。

強い生命力のもち主だった。ほかの犬が少しでも近づこうものなら、足をケンケンしながら逃げまどい、ちょっかいを出そうとせまってくる犬にはすさまじい剣幕で吠えて追い返す。反面、玲と和美に対しては実に従順で、近寄って頭をなでてやると、いつまでも犬房の手前で取りすがり、切なげな声を張り上げながら甘える。

——保健所は、飼い主にちゃんと連絡したのだろうか？

首輪には鑑札と注射ずみ票がついている。

生後九十一日以上の犬は、住所地がある市区町村の保健所あるいは委託施設で、飼い主自身が飼い犬の登録申請を行い鑑札の交付を受けなくてはならず、さらに毎年一度、狂犬病予防注射も受けなければならない。狂犬病予防法（第四条・第五条）によって、飼い主にそう義務づけられている。

心許《こころもと》なく思った玲が、

「あの子はどんな理由でここに送られてきたのですか？」

と武田に尋ねてみたところ、

「もうすぐ死んじゃうから飼い主がいらないって」

ととりつく島がない。

そんな無責任な理由で、なぜ保健所は簡単に引き取ってしまうのか。飼い主側の自覚のなさにはもちろん怒りの気持ちが込み上げるが、保健所側の判断も実におかしい。

管理センターでは唯一多田が獣医師の資格を持っているが、治療をほどこす立場にないのだ。

市民ボランティア

一人の女性ボランティアが管理センターを訪れてきた。島田愛子《しまだあいこ》（三十八歳）。当時、管理センターに乗り込んでくる個人ボランティアは珍しかった。

島田は、熊本市中心部で美容関係の仕事をするかたわら、譲渡成功の公算の高い小ぶりの犬種を見つけては、SNSや全国規模のペット里親募集サイト「ペットのおうち」を利用しながらの里親探しに尽力していた。

島田は二人との出会いをこう振り返る。

『最初は自分が里親になろうと思い、自分の住むマンションで飼うことができる小型犬を探していました。ペットショップで買う選択肢は元々ありませんでしたから、まず地元熊本県の動物愛護団体に問い合わせてみました。すると、「独身で一人暮らしだと里親には適さない」と言われ断られてしまったんです。

ほかの団体さんに問い合わせても判で押したように同じ回答でした。自分の家で飼うことができないのなら、せめてボランティア活動をしてみようと思い立ち、福岡県の団体に所属して譲渡活動のお手伝いを始めました。子犬を保健所から引き出して、里親さんのご自宅に送り届ける仕事です。

あるとき、メンバーと一緒に殺処分ゼロのとりくみをしている熊本市の愛護センターを見学したんです。そのときはじめて熊本県の殺処分数を知りました。市に比べて県はなんて多いんだと驚きましたし、地元の人間として恥ずかしい思いがしました。それを知ってからは、個人の立場として熊本県管轄の保健所に行き、子犬中心の保護活動を始めたんです。

ある日、譲渡対象に切り替わった時点で引き出そうと目星をつけていた子が、知らないうちに管理センターに送られてしまっていたんです。保健所の担当者に断りを入れてから、急いで管理センターに行きました。そのときはじめて彼女たちが働く姿を目の当たりにしたんです。あんな若くて素直な娘たちが、どうしてあんな救いがたい職場にいるんだろう。失礼な言い方ですけど、管理センターでは努力のしがいがないじゃないですか。正直、ないわそれ、と思いました』

島田が管理センターのホームページを閲覧中、天草保健所出身の小型犬に目がとまった。公示期限が終了し、譲渡対象に切り替わるのを今か今かと待ち受けていたが、いつの間にかインターネットから情報が削除されている。あわてて天草保健所に電話をし、所在を確かめてみると、すでに管理センターに送ってしまったという。いきどおった島田の口調はつい荒々しくなった。

「里親になりたいと言う知人がいたんで、私は迷子の公示期限が終わるのをずっと待ってたんですよ」

「それなら管理センターに直接取りに行ってくれて構いません」

こうした流れから、島田は管理センターの門をくぐったのだが、すでにとき遅し。探していた小型犬はすでに殺処分されたあとだった。

『ほんの数年前ですが、その頃の保健所の規制はずいぶんゆるく、私のような個人ボランティアの立場でも比較的自由に出入りすることができました。それから現在にいたるまで様々な保健所に足を運びましたが、つくづく思い知らされたことがあります。

モチベーションの高い予防員さんとめぐり会い、信頼関係を築いたとしても、数年経てばほかの勤務地に移ってしまわれる。そのたびに新しく配属された方ともう一度最初から信頼関係から始めなくてはならないんです。保健所では予防員さんが譲渡に関する決定権を握っていらっしゃるから、犬が好きな方は一生懸命面倒を見てくれるけど、そうではない方は触ろうともしない。

私は県内十か所すべての保健所を回りながらレスキュー活動をしていましたが、本当に個人の判断なんです。たしかに保健所によってはは骨身を削ってがんばっていらっしゃる方もいます。でも、そうではない方も私はいっぱい見てきたんです。生後三か月以内の子犬でもホームページにさえ載せてくれない。純血種の子でも歳をとっているという理由だけで、管理センターの回収トラックに乗せてしまう。

捕獲員さんは外注の立場の会社員ですから、県の正規職員には逆らえません。また当たり前ですが、全員が動物好きとは限りません。朝出勤したら檻の中の様子をざっと見て、さっと掃除をして、捕獲してくださいと言われたら外に出て、帰ってきたら自分が好きなことをしながら過ごしておられる。そんな方も実際見受けられます。反面、わずかな時間を見つけては散歩に連れ出してくれる方もいる。あくまでご本人しだいなんです。

はじめて管理センターに行ったとき、少しでもいいから玲ちゃんや和美ちゃんの手助けをしてあげたいと思ったんです。それから管理センターに行くたびに、彼女たちがトイプードルやセッター、シーズーのような小型犬を外に連れてきて、私にチラチラ見せるんです。「うわ、この子ホームページには載ってなかったよね?」「はい載ってないです」「いつなの?処分」「明日です」「よし、わかった。なんとかしてみる」……いつもこんな調子でした』

ふれあい犬ジィ

玲と和美は多田に呼ばれ、指導相談室にいた。

県の危機管理課（正式には健康福祉部健康危機管理課）から、犬のふれあい方教室を実施するよう、管理センターに対して指示が下されたのだ。

今期の目標（ノルマ）は、愛護センターが管轄している市内を除く県内全域の小学校（対象は低学年の児童）や保育園から選んだ三十校。

「大至急、具体的なツメに入ることになりました」

とやや緊張した面もちの多田は、二人の顔をそれぞれ見やりながら、こう告げた。

県の意向どおりに遂行するには、夏休みに入る八月、運動会シーズンの十月を避け、六月〜十一月の間に集中して行わなければならない。

各校各園との交渉役は所長である多田が担い、その間、玲と和美は授業内容（説明指導）のアクションプランをまとめることになった。

司会進行は多田。玲は多田の補佐。和美は着ぐるみに入ってマスコット犬に扮する。これは前もって決まっている。

突然犬と鉢合わせになったときはどう行動するべきか。最初に触るときにはなにに気をつけるべきか。など、三人は子どもの目線をイメージしながら何度もリハーサルを行った。

着ぐるみは保健所で使い回されていたお古を調達。犬の心臓の音を音声出力するための拡張心音計は、インターネットから安い型式を探して購入。

授業の最後は、和美が自作の絵本を朗読することに決定。彼女が中学生のとき、実家で飼っていた愛犬ハッピーをモチーフに書いた架空のストーリーで、「愛護センター時代に小学生対象のふれあい方教室で使っていた絵本を今回の授業でも使いたい」と多田に提案したところ、「是非やってくれ」と一発で採用が決まった。

……ここまでは順調。が具体的な内容に踏み込むにつれ、多田が「危ないから本物の犬は使いたくない」と言い出した。

着ぐるみで犬の動きをそれっぽく再現すればよい、というのが多田の主張。これには二人とも賛成できない。

「でも、それではリアリティに欠けるというか、子どもたちに本気になってもらうためにも生身の犬を触らせてあげるべきじゃないですか」

言葉を選びながら和美が粘ると、

「なら、本物の犬はどこで手配するの？」

と、とろんとした目で言う多田。すぐ近くでちぐはぐなやりとりを見ていた玲は、思わず前につんのめった。

あぜんとした表情の和美が、

「たくさん、いるじゃないですか、あそこに」

と人差し指を壁の向こう側に向けても、ああ、ああとあいまいな相づちを打つだけである。

居ても立ってもいられず、玲も首を突っ込む。

「所長、私と須藤《すどう》さんがふれあい犬に向いている子を選びます。探せばいい子がかならずいます。ちゃんとしつければ大丈夫です」

「だけど、なにか不祥事が起きてしまったら大きなクレームに発展するだろう？」

事なかれ主義とはこのことだ。だが簡単には引き下がれない。少なくとも犬の性格の見きわめに関しては、和美は五年の経験に裏打ちされたスキルと自信をもっている。

ああだこうだの押し問答の末、不承不承《ふしょうぶしょう》ながら多田は首を縦に振ってくれた。

……さっそく、ふれあい犬を犬房の中から選ぶことになった。

「あの子なら大丈夫。残そうよ！」

してやったりの和美の声はうきうきとはずんでいる。

彼女にはすでに目星をつけている犬が三匹いるという。シーズー、小型犬の雑種、中型犬の雑種。その後シーズーは体調を崩した理由で殺処分、小型犬の雑種は知人に引き取られ、残った候補は人吉保健所から入ってきた中型犬の雑種。

和美はその犬をジィと名づけた。推定八歳。好奇心旺盛で無駄吠えはない。見た目は老犬の域だが、垂れ耳がチャームポイント。健康面も問題なし。

強いてウィークポイントを挙げれば、首に大きな瘤《こぶ》があることと、リード（引き綱）を繋いだ瞬間、強く引っ張る癖があること。

おそらく、元の飼い主が調教用のチョークチェーン（鎖状の首輪。使用方法を誤ると必要以上に強く首をしめてしまい、気管を圧迫する危険性が指摘されている）を使っていたせいだと思われる。

和美は子犬犬房の端っこにある一区画を、ふれあい犬用の「個室」としてあてがい、そこでジィを飼うことにした。

さらに、ジィの引っ張り癖を矯正するため、敷地外での散歩をさせてほしいと多田に求めた。脱走の危険性を盾に、田邊が強烈な不満を漏らす。雑種犬が自分の周囲をうろうろするのが生理的に耐え難いらしい。交渉の結果、事務室には絶対に犬を入れないことを条件にようやく許可が下りた。

これだけでも管理センターでは前例のないことである。ミスは絶対に許されなかった。

譲渡をめぐる平行線

ところが——。管理センターでの譲渡に道をひらくとりくみは、いきなり出鼻をくじかれてしまう。

前述の島田が再び管理センターを訪れてきた際、天草保健所から移送されてきた子犬数匹を一目見て、「きっと譲渡できる。私に預けてほしい」と言い出し、その日のうちに引き取っていったことが問題の発端だ。和美は台帳に記録し、一時預かりボランティアに引き渡したことを天草保健所に報告した。

数日経ってから、クレームの電話が和美宛にかかってきた。今回の一件が保健所内で問題視されているらしい。電話の主はこう言った。

「こちらからは処分扱いで引き渡しているんだから、勝手に出されちゃ困ります。正規の手続きを踏んでくれと上司から厳しく叱責《しっせき》されてしまいました」

「えっ」

「出した犬が一般家庭で問題行動を起こせば、最終的に責任を問われるのはこっちです。まずは引き取ったボランティアさんの個人情報を把握したいので、直接こちらにきてもらえるよう本人に伝えてください」

和美は素直に納得できない。なぜなら管理センターの判断で譲渡はできる、とあらかじめ多田から聞かされていたからだ。和美だけではない。玲もその認識に立っていた。

だが電話の主は頑《かたく》なな態度を崩さない。

「とにかく、こっちは処分対象として出しているんだから断りなく出さないでください。譲渡するしないの判断はこちらでします。今後、管理センターで譲渡する場合は、かならず事前に連絡ください。今回は譲渡した先の里親さんか、仲立ちしたボランティアさんに直接こちらにきてもらいます。いいですね」

こんな言葉を残して一方的に通話は切られた。

島田が住む県の中心部から天草保健所までは直線で約百キロ離れている。平日は朝から晩まで働きづめの島田が、天草保健所の開所時間内に間に合うよう出向くには、終日仕事を休まねばならない。

その日の晩。和美は島田の仕事が終わる時間を見計らって電話をかけた。保健所に行き手続きをしてほしい……そんな内容を平身低頭頼み込んでみたのだが、案の定、それでは話が違う、腹の虫が治まらないと島田。

彼女の言うことは正論だから返す言葉がない。

このときは多田が機転を利かせてくれ、台帳上の帳尻《ちょうじり》合わせをすることでことなきを得た。管理センターにいる間に死亡した、もしくは殺処分したことにし、空カウントをすることだ。

……島田はこのときの状況をこう振り返る。


『そのとき管理センターから引き取ったのは子犬が六匹。セッターが一匹、白いトイプードルが一匹、シーズーが四匹。この子たちは譲渡できると直感で思いました。平たく言えば、保健所の公示は文字データの紙切れを掲示板に貼ればすむわけです。その子たちは管理センターのホームページには載せられていませんでした。

思わず私は、「いつ処分するの？」と和美ちゃんに訊きました。彼女は、「明日のお昼頃です」と答えました。私は、「だったら明日の朝までに絶対に飼い主を見つけるから」と、そのとき衝動的に約束しちゃったんです。

とは言いつつも、一人でまとめて六匹は正直荷が重かった。たまたま私のＳＮＳを見てくれた著名な芸能人が投稿をシェアしてくれて、情報を拡散してくださったんです。すると、すぐに一時預かりさんと里親さん候補が名乗り出てくれました。

でも、管理センターの所長さんが直接私にオッケーをくださっていたから、なんの問題もないと思っていたんです。それがあとになって、事務手続きのためだけに遠い天草まで行けと言う。彼女たちには悪いけど、直接保健所に電話しちゃったんです。

そのとき電話に出た獣医師さんの言葉をはっきりと覚えています。「それらの犬は百パーセント人慣れしません」と断言しましたから。その言葉を聞きながら不愉快でたまりませんでした。だって生後三か月に満たない子たちですよ。なぜ百パーセントだめだと断言できたのでしょうか』

翌朝。技術員は全員外出。犬房の清掃を終えた玲が事務室に戻ってみると、苦りきった表情で腕を組んでいる多田。そのすぐ前で口を真一文字にした和美が立ちつくしている。ほどなくしてしぼり出すように和美が口火を切った。

「……では、所長は犬を救えるチャンスがあっても、管理センターではできないとおっしゃるんですね。だったらお願いです……今からでも構いません。保健所に対して『これからは管理センターでも譲渡します』と伝えていただけないでしょうか」

「難しいね。現実的には」

「でも、そこを明確にしていただかなければ、同じことがまた起きてしまいます。島田さんの一件もそうです。電話での確認ならまだしも、直接こいだなんて……。一時預かりにせよ、協力してくださるボランティアさんのお気持ちを軽視しているみたいに思えてなりません」

上ずった和美の声。多田は緊張をほぐすように大きく伸びをしてから、わざと語気を荒らげて言った。

「こちらの習わしがあれば、あちらの習わしもあります。保健所では譲渡できるが、ここでは譲渡はできない。他自治体の手法はどうであれ、熊本県は今までの慣行に従ってやってきました。本音は私だって譲渡までやりたい。けれど県からは譲渡するときの主体はあくまで保健所だ、と指導されています」

「なら、せめて事後報告で了承してもらえるようにしてくださいませんか？」

「無理ですね」

邪険《じゃけん》にあしらわれ、和美の顔が曇りを帯びてくる。多田はおっかぶせるように硬い態度をつづける。

「もう一度言います。勝手に譲渡はできないんです。業務委託を受けた会社のぼくたちは与えられた業務しかできない。県からこれをしなさいと命じられたら、それ以外はできないし、しちゃいけない。たしかに動物愛護という看板らしきものはできた。しかし具体的になにが根づいているのかといえば、まだまだなんです」

「そんな……」

緊迫度を増す二人の間に玲は介入することができない。……和美はぴんと背筋を伸ばして言った。

「でも、それをしていかなくちゃ、ここの殺処分数は減っていかないと思うんです。運ばれてきた犬や猫をただ単に殺してしまうのではなくて、ぎりぎりまで努力をして、一匹でも多く救ってあげるために私たちはせいいっぱいの努力しなければ。今年から動物愛護を始めると決めた以上、根本の意識から変えてもらわなければいけないはずなのに……」

多田は眉根をゆがめた。和美の声は小刻みに震えている。

「いいと思ったことはどんどんやっていい、と所長はおっしゃいました」

「勝手に判断していいとは一言も言っていないがね」

突き放すように多田は言った。

「でも、ここに入った当初、管理センターでも譲渡できる、所長は私にそうおっしゃいました。それに保健所の人の中には、犬を残すこと自体が好きじゃない、と平気で言う人もいます。そんな人たちに……」

和美の記憶は間違っていない。入って早々、玲も所長から同じように聞いている。

だが、多田は片手で和美の言葉をさえぎった。

両腕を頭の後ろで組み、椅子を回転させながら玲のほうに首をひねった。

「小嶋さんはどう思う?」

——え?

板挟みになった玲は、努めて冷静に言葉を選びながら、自分の考えをのべた。

「……いざ譲渡にかけようとなったとき、保健所側の獣医師さんの意識や動物の扱いかたがばらばらなのは確かですし、問題だと思います。性格のいい子をこちらで譲渡してあげたいと思っても、あちらの判断で簡単にくつがえされてしまうのは、やっぱり変だと思います」

多田は脳天の上をぼりぼりと掻いたあと、おっほんと大きく空咳をしてから、低く言った。

「ぼくはね、今後のことを考えているんです。最初に話したとおり、譲渡講習会です」

——譲渡はしないのに譲渡講習会はやりたい?

玲は心の中で不満をつぶやいた。多田はつづける。

「遠方からこられる人にとって、このあたりは不便この上ありません。そこで我々は県内の各保健所に積極的に出向いてあげて、彼らと一緒に出前スタイルの譲渡講習会をやるんです。むしろその方が効果的だと思いますね」

譲渡講習会とは、安易な感情に任せて引き取ってしまう飼い主がのちに飼育放棄してしまう過ちを防ぐ目的で行われ、すでに熊本では市の愛護センターが採り入れ、具体化している。

同センターでは、市在住の県民を対象に、週に一度の譲渡会と月に一度の休日譲渡会が定期的に開催されており、終了後には参加者全員に修了証が手渡される。気に入った犬や猫が見つかれば当日でも後日でも引き取ることができるシステムで、行政への登録と狂犬病予防のワクチン接種が条件。里親（保護主）になるためには窓口で六千円支払う必要がある。

県が所管する各保健所から犬猫を引き取るためには熊本市外の県民でなければならない。その際は実質無料（保健所では登録やワクチン接種は非対応。登録料の支払いは最寄りの役場で行う）。有明保健所、天草保健所、水俣保健所、人吉保健所を除く六か所の保健所では譲渡講習会は行われていないため、予防員の許可が下りればその場で連れ帰ることが可能。

……和美が待ったをかけるように言った。

「こちらから保健所に出向くということは、管理センターにいる子たちは最初から対象外になってしまいませんか？」

「まあ、そういうことになりますね」

玲はがっかりした。管理センターに送られた時点で譲渡の可能性は事実上消滅する。その構図はこれからも変える気がないと多田は明言しているのだ。

和美と多田の話し合いは平行線のまま終わった。

——最初に聞かされた「管理センターでも譲渡できる」との口約束をまともに信じた自分たちが浅はかだったのか？

思えば、多田が素手で犬や猫に触れる姿を目にしたことがない。殺処分の現場に立ち会っている姿も見たことがない……。

ふれあい犬としてジィを残してからいうもの、玲と和美には土日休日祝日の休暇がなくなった。午前と午後、ジィの世話をするためにどちらかが管理センターに通わなくてはならない。

「休日手当もつかないのに熱心だねえ」

奇異な視線で武田がそんな言葉をかけてくる。

「二人がどうしても週末出られないときがあったら、遠慮せず言ってね、代わりに出てもいいから」

多田もそんな気づかいの言葉をかけてくれたが、やがて誰も関心を向けなくなった。

そんな折。

週末に犬の啼き声がうるさい。なんとかしろ。

最近そんな苦情電話が近隣住民から寄せられている、と多田が一人ごちている。

それが事実ならば誠実に対処しなくてはならない。だが、管理センターの真後ろは清掃工場。右はテニスコート。左はゲートボール場（現在は閉鎖）……どちらも週末の人気《ひとけ》はないに等しいし、正面ははるか彼方までつづく耕作放棄地。

クレームの出所を問うてみたが、

「過去に自治会長と取り交わした約束があるみたいだけど、詳しくは知らない」

でうやむやにされてしまった。

池上が言うには、田邊が、「週末に犬房に犬を残す行為そのものが気に入らない」としきりに不満を漏らしているらしい。

この問題も時間の経過とともに泡のように消えてしまった。

ふれあい方教室

中庭の朝顔が咲き始めた六月。

ふれあい方教室の段取りはこんなふうに決定した。

冒頭は多田による命についての授業。つづいて玲たちが聴診器を子どもたちに配布し、直接自分の耳で犬の心臓の音を聞いてもらうデモンストレーション。さらに、和美が着ぐるみの「ポチくん」に扮し、玲が犬の習性や触りかた、危害防止、トラブル対処法など順を追って説明したうえで本物の犬（ジィ）に直接触ってもらう。最後のまとめは、和美による絵本の朗読。以上でおおむね四十五分の予定……。


授業開始を告げるチャイムが校内に鳴り響く。

広い体育館には、若い教諭に引率されてきた大勢の小学生たちが集まってき、ふれあい方教室の始まりを今か今かと待ちわびている。

けたたましい子どもたちの歓声が飛び交う中、新調したパステルカラーのポロシャツという

いでたちの多田は、紅潮した顔で舞台中央でハンドマイクを握りしめる。

「さて、今日おじさんは、わんちゃんのいろんなお話をするためにここにきました。動物管理センターって聞いたことある人いるかな？」

一人、二人の小さな手がぱらぱらと上がる。

「なら教えてもらいたいんだけど、ここにいるお友だちの中で自分のおうちで犬を飼っている人はいる？」

今度は大勢の子どもたちの手が上げる。

「じゃあ、きみんちの犬の名前なんていうの？　へえ、○○ちゃん。△△ちゃん。どれもかわいいねえ」

「うち、ねこしかかってないもん！」

最前列で体育座りをしている女の子がうわずった声で叫ぶ。

……予期せぬ発言に多田の表情が少し固まる。猫はふれあい方教室の講義内容に含まれていないためだ。数秒間、鳩が豆鉄砲を食らったような顔になっていた多田だが、すぐさま気を取り直し、「猫については次の機会にやるからね」と、テンポよく次に繋げる。女の子は口をぽかんと開けたまま……。

「さて、名前があるということは、みんなのおうちで飼われているわんちゃんはとっても幸せなんだね。おじさんが働いている管理センターにはたくさんのわんちゃんが集まってきます。でも、とってもかわいそう。ちっとも幸せじゃない。どうしてだろう？」

子どもたちは口々に叫ぶ。

「わからん！」「すていぬ！」「びょうきのいぬ！」「がん！」

「そうだねえ。病気の子だね。あのね、おじさんの働く管理センターに集まってくるわんちゃんは、飼い主の人が、『もうこの犬いらない』とか『ぜんぜん言うことを聞かないからいらない』とか『病気したからいらない』とか言われて捨てられたわんちゃん。二番目に多いのは迷子。自分で首輪を外して、一人で散歩に行って、帰る道がわからなくなった迷子のわんちゃん。そういう子がたくさん集まってきます。で、そんなわんちゃんは、おじさんの働いている管理センターの中で毎日首を長くしてなにかを待ってる。なにを待ってるんだろ？」

「えさ！」

「餌？　おじさんたちが毎日やってまーす」

「いぬをかっていたひと！」「かいぬし！」

「そう！　捨てられたわんちゃんは、元の飼い主さんが考え直してくれて迎えにきてくれないかな……って思いながら待ってる。一緒に住んでくれないかなあ……。元の飼い主さんでなくてもいいから新しい飼い主さんがぼくを引き取ってくれないかなあ……って待っている。でも待ちぼうけ。だあれも迎えにきません。そうなったら、そのわんちゃんたちはどうなると思う？」

「しんでしまう！」

「そう、だあれも迎えにこないと死んでもらう。かわいそうだよね。死んでしまったわんちゃんはお友だちと遊ぶこともできない。おいしい餌を食べることもできない。そういったかわいそうなわんちゃんが一匹でもいなくなるように、今日はお勉強したいと思います。

さてみなさんは毎日学校にきて、お友だちと一緒にお勉強したり、運動場で体操したり、プールで遊んだりするよね。そしてお昼は給食をお友だちや先生と食べます。みんなは嬉しいときや楽しいとき、どんな顔になる？……自然と笑顔になるよね。悲しいとき、辛いとき、寂しいとき、どんな顔になる？」

「なみだがでてくる！」

「なんで楽しいときや嬉しいときは笑顔になって、悲しいときや寂しいときは涙が出るの？……わかんないよね。それはね、生きているから。むずかしいかな？　じゃあ、みんな右手をあげてください。それを黙って胸に当ててください。そしておめめをつむって。……さあ、なんか手に伝わってくるものがあるでしょ？　ドクドクって。この心臓が一生懸命動いて命がある。みんな生きている。そしたら、ちゃんと命の音を聞いてみようか。代表のお友だち、前に出てきてください」

教諭が一人の男の子を指名する。すかさず和美がその子の胸に聴診器をあてがうと、一段高い壇上に設置した拡張心音計のスピーカーから心臓の鼓動の音が聞こえてくる。子どもたちからは黄色い歓声が上がる。

「さあ、お友だち代表の命の音を聴いてもらいました。なら犬にも心臓ってあるのかな？」

「ある！」

「じゃあ、わんちゃんの心臓の音、実際に聞いてみようか」

その言葉を合図に体育館の後方からジィを従えた玲が入場。それを見た子どもたちは一斉に立ち上がって狂喜乱舞。ジィは落ち着き払った様子でしっぽを軽く振り回す。玲が、

「うんとね、わんちゃんてね、とっても耳がいいのね。みんなが大きな声出すとストレスで疲れてしまう。だからちょっとだけ静かにしていてね」

と優しい声でたしなめると、大声を張り上げていた子どもたちはおとなしく座り直す。

「この子、飼い主さんに捨てられたわんちゃんなのね。今は私たちが飼ってます。いい、じゃ聴いてね」

玲が聴診器をジィの胸にあてがうと、早鐘を打つような心臓音がスピーカーから聞こえてくる。子どもたちの口は一様にあんぐり。

「うわー！」

マイクを握った多田のしゃがれ声が館内に響き渡る。

「そう。みんなの心臓の音とわんちゃんの心臓の音、一番違うのはなにかな?」

「はやさ!」

「そう! わんちゃんはものすごく速いの。みんなの心臓の大きさってどのくらいかというと握り拳くらい。一分間に七十~八十回、一生懸命心臓を動かして生きている。わんちゃんは人間よりも心臓が小さいから、人間よりも一生懸命速く動かさないと体全体に血液を送ることができないの。だから一分間に百回くらい。例えばねずみさん。ねずみさんの心臓の動きは一分間に……。速すぎて数え切れない。二百五十から三百回。ならぞうさんはどうかな?」

「もっと!」「どーんどーんって!」

「いやいや、だいたいね、一分間に二十から二十五回。ゆっくりなんだ。でも心臓が特別おっきいから全身に送る血液の量はとても多い。それじゃあ今からはね、お友だち同士で心臓の音を聞いてもらいます。聴きっこしてください。今から聴診器を配ります」

素早い身のこなしで玲と和美が聴診器をグループごとに配っていく。配り終えた和美は、体育館の端に仕切られた衝立《ついたて》に隠れ、ポチくんに早替わりを開始する。

やがて心臓の音にも飽きたのか、子どもたちはのべつまくなしにしゃべり始める。

「そんなに大きな声で話していたら心臓の音きこえないよー」

多田の注意喚起もどこ吹く風である。

「ねこちゃんはなんでここにいないの? ねこちゃんのしんぞうのおともききたい!」

騒々しい声に混じり、半泣き状態になったさきほどの女の子が叫んでいる。次の段取りを考える一方、玲は女の子の様子が気になって気になって仕方がない……。

猫の扱い

……犬房の横にある備品棚には固形ドッグフード（業務用）が山と積まれてある。キャットフードは一袋か二袋あればいいほう。ボランティアがカンパしてくれたもの、もしくは玲や和美が自費で購入したものである。

元来犬猫に与える餌は、県からの委託費用の一部から会社が一括購入し、管理センターから各保健所に送られている。その際、購入したキャットフードはすべて保健所行きとなり、管理センターには一袋も残されない。

一週間の犬の殺処分数は、のべにして十五〜二十五匹。猫の数は季節によって大きく変動するが、だいたい週に五十匹弱。多いときは数え切れないほど。数が多ければすなわち、扱いがずさんになってくる。

殺処分するとき。通常は一匹ずつ猫室から手でつまみ出し、鉄カゴに移し替えている。収容数が多いときは一匹ずつ移し替える作業が面倒だ、との理由でそのまま鉄カゴに入れっぱなし。殺処分の開始と同時に処分機の中へ運び入れてしまう。

母親がいない乳飲み子は、洗濯ネットやきめの細かな麻袋に詰められたまま、同じく鉄カゴの中へ。ノネコ（山野で生まれ育った猫）や野良猫も猫室には入れられず、ずっと鉄カゴの中。そうなると収容期間中、一粒の餌も口にできないどころか水一滴さえ飲めなくなるというわけだ。

特に技術員の池上は、パンパンになるまで子猫を麻袋に入れてしまうため、さすがに度がすぎると田邊から注意を受けたようだ。とは言いつつ、田邊が唱える〈度〉だって、玲や和美から言わせれば論外なのだが……。

以前和美が麻袋から子猫を出し、餌をあげようとしたことがある。

そのとき血相を変えた田邊から、「余計なことはするな！」とこっぴどく叱られたそうだ。

鉄カゴといえば、身動きできないほど詰め込まれている猫の前足や後ろ足が外に飛び出していることがままある。

鉄カゴの目（網目）は人差し指の第一関節ほど。

するとどうなるかといえば、処分機の中で錯乱状態になっている犬が条件反射でかみついてしまい、強力なあごの力でカゴ全体がぐらぐらと揺れ動くほど振り回してしまうのだ。

「せめて犬と猫は別々にしてくれませんか」

何度もそう進言しているが、彼らは「そんな余裕なんか俺たちにはない」と一刀両断。取り合ってさえくれない。彼らがする仕事への口出しは禁句《タブー》であった。

あるとき、池上が乳飲み子の猫をどこからか捕まえてきたことがある。

「付近をうろついていたから処分しちゃうよ。所長の許可もちゃんと得ているからね」

とぶつくさ言いながら、ほかの猫とごちゃ混ぜに麻袋に押し込んでしまった。

保健所の捕獲員が捕獲できるのは、民間からの捕獲要請があり、明確に遺棄された事実に置かれた猫のみ。自活できている、もしくは自活可能と思われる子猫は捕獲することはできない。

捕獲対象の例をいくつか挙げると……生まれたばかりの子猫が段ボールに入れられほったらかしにされている。初乳を飲んでおらず低体温症におちいっている。交通事故にあって瀕死の状態になり、負傷動物として保護されている。飼いきれない飼い主が里親を探すあらゆる努力をしたが万策つきている。

このような切迫した場合に限り、保健所は引き取る、もしくは捕獲することができる（管理センターの技術員に対しては捕獲業務は付与されていない）。

そういう意味においては、本来捕まえてはいけない子猫を池上は捕まえてしまったのだ。

……殺処分の前日。

玲と和美は保管施設に誰もいないタイミングを見計らって子猫を猫室から出し、ミルクを腹いっぱい飲ませたあと、ひそかに野に放った。管理センターで働く身として〈絶対にしてはいけない〉行為と知りつつも、そうせずにはおれなかった。

一夜明けた朝、いつもどおり殺処分は行われた。

成猫よりも肺活量が少ない子猫はガスが利きにくい。操作盤を操る技術員が完全に〈死にきった〉様子を確認しないまま焼却炉まで運んでしまうと、まれな例ではあるが目をおおいたくなるような光景に遭遇することになる。

熊本県が策定した「第二次熊本県動物愛護・管理推進計画」（二〇一四年版）では、子猫や子犬に対してはガス殺処分ではなく、麻酔注射による安楽死処分を行うよう定められている。

この安楽死処分は、玲や和美が入所する前年の二〇一二年から実施されていて、県が指定した老齢の獣医師（普段は地元産の牛馬を専門に訪問診療をやっている）が麻酔注射をするため週に一度のペースで派遣されてはいる。

だが、ここにも問題点があった。

成犬か子犬か。成猫か子猫か。誰がなにを根拠に線引きをしているのか、まことにいいかげんなのだ。

外部から派遣された獣医師は、与えられた業務を忠実にこなすだけであり、ふるい分ける役割は管理センターの技術員にゆだねられる。

そして、ふるい分けの判断基準は日によってまちまちだった。

――そのサイズなら、先週は安楽死だったはず。この子猫が安楽死処分なら、あの麻袋にすしづめにされた状態で殺処分されてしまう手の平サイズの子猫はなんとしたくくりなのか？考えれば考えるほど疑問は深まってしまうが、口出しはできない。

獣医師は、技術員に指示されるがまま、段ボール箱の中へ無造作に手を突っ込み、機械的に注射針を当てていく。

背中から握られている子猫が、ざらついた声をあげる。

心臓の鼓動が少しずつ消えていく……。

第三章　敗れざる者

和美《かずみ》の願い

「心臓の音がしっかり聞こえましたね？　心臓を動かすってことは命があるということです。心臓が止まってしまったら、こんなふうにお友だちと話すのも遊ぶこともできません。お父さんお母さんにも会うこともできません。自分の命もお友だちの命も同じように大切です。わんちゃんたちも人間と同じように命をもっています。いいですか。

それでは二つ目のお勉強をします。犬に触りたいと思ったらどうすればいいか。あるいは知らない犬がいきなり近寄ってきたらどうすればいいか……やってみましょう」

多田《ただ》は玲《あきら》にマイクをゆだねる。衝立《ついたて》の裏では和美扮する「ポチくん」と飼い主役の保健所の獣医師がスタンバイ。

「さて、今からお姉さんが話します。みんなの周りにいっぱい動物がいますよね。動物にはみんなと同じように命があって、そしていろんな気持ちがあります。

なら犬はどんなことされると怖がってしまうのか、犬はどんなときにかんでしまうのか。どんなふうに触ったら喜んでくれるのか。今日、そんなことをみんなと勉強するために特別ゲストを連れてきました。名前はポチくんです。

お姉さんが今からせーのと言うので、大きな声でポチくーんと呼んでくださいね。いいですか、せーの」

「ポチくーん！」

賑わい立つ子どもたちが一斉に拍手をしながら、ポチくんを迎え入れる。

「さて、みんなポチくんに触ってみたいなと思ったとき、どうしますか？」

「あたまなでる！」「しっぽさわる！」

「うーん、隣に誰かいるねえ」

「かいぬし！」「おじさん！」「せんせえ！」

「そう。飼い主さんが隣にいますね。まず、ポチくんに触る前にちゃんとご挨拶してください。そして、触ってもいいか聞いてみてください」

まじめくさった顔で舞台前に歩を進める多田。

「こんにちは。ポチくん可愛いなあ。触ってもいいですか？」

玲は「どうぞ」とうなずく。

「犬はね、言葉をしゃべれないから、しっぽで自分の気持ちを伝えています。まず、おじさんがお手本を見せます」

多田が、「よしよし、可愛いねえ」と、ポチくんの正面から手をかぶせるように頭をなでようとする。

「おや、ポチくん、今どうしてる？」

「ふせちゃったぁ……」

「今どんな気持ちだろうね？　ポチくん」

「こわがってるぅ……」

「そうです。怖がっています。知らないおじさんが頭の上から手を出してきたらいやよね。ポチくんもおんなじ気持ち。もしかして叩かれるかな、と怖くなってしまいました。なら、知らない人と会ったとき、最初になにをしますか？　そうですよね挨拶。ポチくんに挨拶をしてください」

　多田が、わざと無愛想を装い、ポチくんに「こんちは」と語りかける。

「……あらあら、そんな挨拶でポチくんに伝わるかなあ？　そうなの。犬にはみんなの言葉がわかりません。だから、みんなよりも犬のほうが優れている部分で挨拶しなければなりません。それは鼻。犬の鼻はみんなの鼻より百万倍の匂いを感じる力があります。

　さて……これから犬にきちんと挨拶をする練習をしましょう。まずこのおじさんがお手本を見せますので、その場で真似をしてみてください。まず手をあげてください。その手をグーにして。犬の前に静かに座ります。そしてグーの手を下からゆっくり犬の鼻の前にもっていきます」

煙草臭が漂う多田の拳骨《げんこつ》が、ポチくんの鼻先に押しつけられる。

「あっ、ポチくんが今ウーって言いました。この声は、いやなときや怒ったときに出す合図です。なので、この声を聞いたらかまれてしまうかもしれないから絶対に触らないこと。それでは、もう一度おじさんにお手本を見せてもらいましょう。みんなも真似してみて。

犬の前に座ります。ゆっくりと下から鼻の前にもっていきます。おっ、今ポチくんは匂いを嗅ぎながら、この人誰かなーって。おいしいものもっているのかなーって考えてるの。しっぽ見てみて。振ってるね。こんなふうに犬がみんなの手の匂いを嗅いでしっぽ振ってくれたら、ぼくに触ってもいいよっていう合図。犬は頭をなでられるよりも、あごや首の下をなでられるほうが好きなんです。

もう一つお勉強しましょう。飼い主さんは近くにいません。犬は一匹でいます。野良犬かもしれない。お家に帰るためにわんちゃんが道に迷っているかもしれない。でも一人でいる犬には絶対に触らないでください。どんなに可愛い子でも、ちいちゃな子でも、触らないこと。なんでかというと、その子が優しい子なのか、それとも怖い子なのか、喜んでいる子なのか、怒っている子なのか……誰にもわかりません。なので絶対に触らないこと。一人でいる犬を見たら、知らない顔をしてそこから離れてください。

そのときの注意が二つあります。一つ目、犬は苦手だな……って思っている人いますか？ そのとき走って逃げちゃっていいかな？」

「だめぇ！」「おいかけてくる！」

「そう。わんちゃんは追いかけっこが大好きです。みんな遊んでくれるのかなと思って一生懸命追いかけてきます。なので絶対に走らない。二つ目。犬と目を合わせないでください。みんな知らない人が近くにきて、じーっと見つめてきたらどうかな？」

「にげる！」

「いやよね、犬も一緒です。じっと見られたら怖いよね。脅かされているのかな……と思って怖くなっちゃいます。なので、一人でいる犬にあったとき、その場から離れるときは、目を見ず、歩いてゆっくり離れてください。

でもね、離れようと思っていても犬があそぼーって近づいてくるかもしれない。お家連れてってよーって寄ってくるかもしれない。もうそんなときは、樹になっちゃってください。樹に犬はかみつくかな？」

「かみつかない！」「おしっこするー」

「そうですよね。匂いをくんくん嗅ぐかもしれませんが、かみつきません。では樹は動きますか？」

「うごかなーい」

「そうですよね。動きません。じーっとしていてください。なら樹に手はありますか？」

「なーい」

「だよね。体の横にぴったりくっつけてくださーい。樹に目はありますか？」

「なーい」

「ないよね。犬を絶対に見ないようにしてください。樹に口はありますか？」

「なーい」

「ないよねー。しゃべらないでくださいね。だまーってましょう。それではポチくんとのお勉強を終わります」

……まだ五月だというのにうだるような暑さ。和美は再び衝立の裏に戻り、着ぐるみを脱ぎ、ポロシャツ姿に着替える。こめかみからは大粒の汗がしたたり落ちている。玲が少し間を置いてから言う。

「最後に、もう一人のお姉さんからハッピーっていう絵本を読んでもらいます」

玲の呼びかけに呼応して登壇する和美。ゆっくりと呼吸を整えてから子どもたちに笑顔で語りかける。

「あのね、みんな。自分に命があるってこと、気持ちがあるってこと、わかるよね。でも動物はどうなの？　って考えたとき、自分と同じ立場で考えてほしいんだ。動物にも私たちと同じ気持ちがあるって思ってほしいんです。そんな思いを込めてこの絵本を読みます。

そしてみんなの中で、もし家で犬を飼っていたり、これから飼いたいなあと思っている人がいたら、お姉さんから大事なお願いがあります。最後まで大切に飼ってあげてください。

じゃ読みますね……」

二人の青年がいました
それぞれが同時にハッピーという名前の幼い犬を飼うことになりました
最初の頃二人は子犬のハッピーをとっても可愛がります
散歩に連れて行ったり一緒に寝そべってあげたり
汚れたらシャンプーしてあげたりします

でもハッピーが大人になったらそれぞれ違いが出てきます
一人の青年Aはずっとハッピーを大切に可愛がります
もう一人の青年Bは面倒くさくなったのかだんだん可愛がらなくなります
散歩も行かなくなり病気になっても病院にも連れて行かなくなって
どろんこに薄汚れても洗うことすらしなくなります

それから年月がすぎ老犬になった二匹のハッピーが最後に死んでしまうとき
可愛がられていたほうのハッピーは自分を幸せだと思います
可愛がられていないほうのハッピーは幸せだったのかなって疑問に思います

やがて二匹のハッピーは天国に行きました
可愛がっていたほうの青年Aは悲しみます
もう一人の青年は、ぜんぜん悲しみませんでした

それからまた何年も経って
青年たち自身も最後のときが訪れます
神様はこう二人に言います
あなたの行いをずっと見てきました
よいことも悪いこともすべて自分自身に返ってきます
それは次の人生でわかるでしょう

犬として生まれ変わった二人の青年は
それぞれどちらのハッピーになったと思いますか？

天職

丘陵《きゅうりょう》地帯を切りひらいて造られた新興住宅地。高台の一角にある平屋の一戸建て。

和美は上に姉が三人いる四姉妹の末っ子として長崎県で生まれ菊陽町《きくようまち》で育った。

幼少期は大の犬ぎらい。自宅周辺の車道で一人遊びをしているとき、目の前に飛び出してきた大型犬に追いかけられ、怖い思いをした経験がトラウマになって脳裏に焼きついていた。

それからしばらく経って。学校の授業を終えて帰宅した和美が玄関先で靴を脱いでいる途中、幼い子犬を抱きかかえた父親が満面の笑顔で声をかけてきた。家の前で迷子になっていたという。いたいけな姿をまじまじと見ながら、和美は歓喜の声を張り上げた。

「かわいい！」

意外な娘の反応に気をよくした父親は、「よし、それなら飼おう！」とがぜん張り切り出した。

一年前、最愛の妻が乳がんで他界。以来父親は憔悴《しょうすい》しきった表情を隠そうともせず、建築士の仕事が休みの日には一日中家でふさぎ込むようになっていた。寂しそうな父親のためにも、家族の一員が増えるのはいいことだ。和美は幼心にそう感じていた。

ところが後日、その子犬は崖下の家に住む住人に飼われていたことが判明。なんらかの拍子に脱走したのか、急傾斜の坂道を自力でよじ登ってきたのだった。父親は平謝りしながら子犬を返しに行ったが、これ以降、和美は急に犬に興味をもち始めた。

夢中になって読みふけった本は、盲導犬が主人公の漫画『ハッピー』。

そんな和美にすっかり影響されてしまった父親は、地元タウン情報誌『タウンパケット』の広告欄「ペットの里親探し」をくまなく調べ始めた。そして雄のビーグルの子犬をどこからか探し出してき、幸せになってほしいの願いを込めてハッピーと名づけた。

和美は姉妹の誰よりもハッピーを可愛がった。夜は一つの布団の中で抱き合って眠り、朝はともに起き、ともに食卓を囲んだ。

中学校に進学。人一倍人見知りの性格の和美は、女子校独特の空気になかなか溶け込めない。イジメこそないものの、特定のグループに属すこともせず、クラブ活動もせず、できるだけ目立たぬようひっそりと過ごしていた。

当時ハマったのが流行の携帯型ゲーム機……任天堂ゲームボーイ。夜な夜なやりすぎたせいで視力はがた落ち、裸眼で〇・一。牛乳瓶の底のような眼鏡をかける羽目になった。

利発的なほかの姉妹に比べ、あまりに内向的な末娘の行く末を案じた父親は、繰り返しこうさとした。

「ゲームはやめなさい。友達を作って遊びなさい」

そんな父権に反発するように、和美は不登校を繰り返した。為す術もない父親。それを尻目に、和美は近所の書店で犬の飼い方に関する参考本を何冊も購入し、すり切れるまで読みあさった。

今でいう引きこもりだった。

高校一年生になってすぐ、父親は急性心停止で他界。享年五十歳。突然の死だった。やがて三人の姉らは結婚し、実家には和美とハッピーだけがとり残された。

——早く手に職をつけなければ。

好きな犬に関われる仕事に就くため、高校卒業後は市中心部に位置する専門学校「九州動物学院」に入学を決めた。その学校では必修課程とは別に用意された三つの選択課程があった。犬の訓練士コース、パソコン技能コース、フリスビー犬育成コース。和美は迷うことなく犬の訓練士コースを選択した。

無我夢中で取り組んでいたが、しだいに訓練と称する強制的なトレーニング方法に疑問がわいてきた。欧米のシェルター（一時保護施設）制度を採り上げた、あるドキュメンタリー番組を視たことがきっかけだ。

番組の内容は、人道的な過ちを犯して更生施設に収容された少年たちが社会復帰をめざす「動物介在矯正教育プログラム」の実態を長期取材したもので、入所中の彼らは、虐待されて保護された犬や捨てられた犬を一匹ずつ世話する役割をあてがわれ、新しい家族に引き取られるまでの過程を通じ、動物の命や人に対する憐れみの心を学んでいく……というものだ。

中でも強く感銘を受けたのは、欧米では日本のように犬や猫をペットショップで買う習慣はない、との社会通念だった。

そんな和美に転機が訪れた。

その日は雪が降っていた。専門学校の校外学習。和美はクラスメイトとともに県の管理センターにはじめて足を踏み入れた。引率の講師から聞いた話によると、県の管理センターと市の愛護センターは、車で行けば片道十分程度しか離れていないが、業務内容は天と地の開きがあるという。

赤信号みなで渡れば怖くない。

ある種の怖いものみたさのような気持ちもあった。しかし、いざその場に立ってみたとき、おどろおどろしい雰囲気に思わず足がすくんだ。同級生たちも完全に腰砕け状態でたじろぐばかり。

「もうやだ」「かわいそすぎる……」「帰りたい！」

おのおのが率直な感想をまくし立て、犬房の前からきびすを返していく。だが、一人取り残された和美の脳内には、別の考えがゆらゆらと宿っていた。

鉄格子の隙間に顔を埋め、懸命に体をくねらせている一匹のビーグル。家で飼っているハッピーと同じ犬種だった。

「触れちゃだめ！」

講師の注意喚起は耳には入らなかった。思わず声が出た。

「こんなの、ありえないよ」

この体験を機に和美は一念発起した。個人ボランティアの立場で市の愛護センターに通い始めたのだ。

専門学校卒業後、欠員の補充として実施された愛護センターの臨時職員の募集に応募し、見事合格。当初は三か月限定の条件だったが、契約期間中の仕事ぶりが高く評価され、嘱託職員として正式に在籍が決まった。

危険犬

……二〇一三年、青葉かおる季節。相変わらず管理センターには五月雨式《さみだれしき》に犬が入ってくる。多くは雌を求めて徘徊《はいかい》しているうちに帰る道を見失った未去勢の雄。そのほか目立つのは、土佐犬に代表される闘犬種。毎週一匹は運ばれてくる。

出元は容易に推測できる。例年、県内では全国規模の闘犬大会が催されており、それに出場する犬が数多く飼われているのだ。

訓練中に致命的な重傷を負った犬、負けて闘争意欲を失ってしまった犬、命令に背く犬、性格が優しすぎる犬など、狭い土俵で命を賭して闘技するには不向きだと烙印《らくいん》を押された犬が危険犬として保健所にもち込まれる。

闘犬種には〈かみついたら離すな〉という絶対的な教えが子犬のときから刷り込まれており、万が一、野に放たれてしまえば人をかんでしまう危険性が高い。

イギリス原産で気質の荒さで知られるブルテリアもときおり入ってくる。これも危険犬として即時殺処分される対象になる（秋田犬に関しては譲渡することは可能。しかし個体ごとの癖がはなはだしく、多くは殺処分対象になる）。


初夏が終わって炎夏を迎えた頃。

管理センターに送られてきたのは衰弱しきった土佐犬。全身傷だらけである。

いかなる事情があったのか。疑問に思った和美が出所の保健所に電話を入れ、ことのしだいを尋ねてみた。すると、この土佐犬を捕獲するにあたり、地元警察を巻き込むほどの大捕物劇があったというのだ。

踏み込んで経緯を探っていくとこうだ。

土佐犬は最初、御船《みふね》保健所の管轄内で迷い犬として発見され、捕獲員が捕まえようとしたが逃走。それからのち、隣接する地域を管轄している宇城《うき》保健所に民間からの通報があり、両地域にまたがる深い山中に逃げ込んだことが判明したのだ。

……越境（山越え）を許してしまえば御船保健所の沽券《こけん》に関わる。

そこで新たに捕獲チームが編成され、周囲の山中をくまなく捜索することになった。が行方はつかめず。急遽《きゅうきょ》、応援要請を受けた地元警察も加わり、捜索態勢は五十人規模に膨れあがった。

土佐犬が発見された場所は、下に急流が流れている高い崖の上。

捕獲チームは刺叉《さすまた》や棍棒《こんぼう》でえいえいと威嚇《いかく》しながら、寄ってたかって崖下に追いつめた。最後は網と縄で捕獲に成功。だが元きた道に戻るために大きな土佐犬を抱きかかえ、再び崖をよじ登っていくことは困難だった。

そこで対策がとられた。地元警察が所有する救助用ゴムボートが現場にもち込まれたのだ。深い急斜面からロープで川まで引きずり降ろし、そのまま下流の河川敷まで泳がせることになった。大きな岩だらけの急流をむりやり泳がされた土佐犬は、全身にひどい擦過傷《さっかしょう》を負い、ボートの上に引き上げられたときはすでに虫の息。一夜明けてから半死半生の状態で管理センターに運ばれてきた。

ほかの犬に踏みつけられながら処分機に入れられた土佐犬は、玲と和美の目の前で静かに息絶えた。

……このような危険犬や警戒心の強い犬でも、強引な手法で接触しようとしない限り、滅多なことは起きない。

たった一度の〈例外〉を除いては。

そのとき玲は、マイクロチップ（個体識別番号が書き込める動物用体内埋め込み型の電子標識器具）の有無を調べるために、マイクロチップリーダーを手にもち、十数匹の犬が詰め込まれている犬房に入ろうとしていた。

前檻の上段部を開放し、片足ずつ乗り越えた。

この機械は、この年の四月に県の危機管理課が導入してくれたもの。言わずもがな、県下の各保健所でもマイクロチップ検査は実施されているが、完全に読み取れていない可能性を考慮し、念には念を入れてのクロスチェックのつもりだった。

和美は左から二番目の空になっている犬房に入り、一足先に床掃除を始めている。それを横目で見ながら、玲は犬が入っている左端の犬房の前檻上段を開け、ひょいとまたいだ。

それまではなんの兆しもなかった。ところが不意に一匹の中型犬が匍匐《ほふく》前進するように歩を進めてき、低い唸り声を上げた。

強い殺意にいち早く気づいた和美が、はじけるようになにかを叫んだ。その場にたまたま転がっていた棍棒を拾い上げ、ガンガンと床を叩きまくっている姿が視界の隅に入ったが、射貫かれたように体がすくみ、足を運ぶことさえままならない。

――やばい。

牙《きば》を剝いた犬との間合いがいよいよのところまでせまったとき、和美が再び大声を発し、ポケットの中のおやつのジャーキー（肉を干した餌）をつかみ、犬の前にぽーんとほうり投げた。犬の興味が一瞬ジャーキーにそれた。舌を出しながらしゃがみこんだその間に、玲は這々《ほうほう》の体《てい》で犬房から脱出した。

助かったと思ったとき、大量の汗が噴き出した。全身の力が抜け、へなへなと崩れ落ちた。とてつもなく長い時間に感じたが、ほんの一、二分のできごとだったらしい。

やっかい者

犬房の中には阿蘇《あそ》保健所から送られてきた推定十歳のミニチュア・シュナウザー。人慣れしており、全身をくまなく触ってもいやがる素振りはない。

愛嬌抜群のその犬を見ているうちに、この子なら引き取ってもいいと玲は思い立った。老犬のビーグルと愛護センターから連れ帰った雑種をすでに飼っていたが、実家の母親が、「小型犬ならもう一匹飼いたい」と口にしていた姿を思いだしたのだ。

多田に、「自分の家で引き取ってもいいですか？」とうかがいを立ててみると、即座に了承してくれた。そのうえ「どうして処分対象になったのか、保健所に尋ねてあげる」とも言ってくれた。

翌日送られてきたメールの回答によると……ミニチュア・シュナウザーは重度の尿道結石

（尿に含まれる成分が固まってできた結石が尿道に詰まる病気）の症状があり、収容期間中に死亡する可能性がきわめて高かったため……とのこと。

しかし玲の目には、元気に跳ね回っているその犬が重病には見えない。たしかにミニチュア・シュナウザーは遺伝的な理由で尿道結石になりやすい犬種だが……。ホームページ情報では収容期限はまだ切れていない。本来なら管理センターに送ってはいけないはずだ。

居ても立ってもいられなくなった玲は、多田の了解の下、ミニチュア・シュナウザーを隣町のペットクリニックに連れて行った。愛護センター勤務時代からかかりつけ医として、ひんぱんに利用している個人病院だ。

検査の結果、肝機能障害を示す数値が若干高いものの、尿道結石は見当たらない。少なくとも手術が必要なレベルではない、と院長は言い切った。

——そもそも保健所の予防員は、動物の臨床経験が少ないのではないか？

そうした最中、島田《しまだ》からの一本の電話。

菊池《きくち》保健所に収容中のパピヨンを、管理センターに送られる前に引き出したいから協力してほしい、との依頼だった。

和美とのやりとりを近くで聞いていた玲の脳裏に、ふと不安がよぎった。犬房の犬を譲渡するには事前に保健所の許可が必要、だったはず……。

しかしその懸念は杞憂《きゆう》だった。和美は、すぐさま保健所の予防員に電話をかけ、個人で活動しているボランティアが直接受け取りに行くための根回しをきちんとしていたからだ。

明くる朝、再び島田からの呼び出し音がなった……。

「保健所に訊《き》いたら、あのパピヨンはすでにもらわれていて、ここにはもういないって言われたんだけど、それって本当？　そっちに入ってこなかった？」

「え……わかりました。調べてみます」

受話器を置いた和美があわただしく犬房に駆けていく。玲もあとを追いかける。いやな予感は当たった。島田が言うパピヨンの特徴に似た犬が所在なげにたたずんでいる。すぐに和美は島田に連絡し、その事実を伝えた。

「パピヨン入っていましたよ」

「えっ、保健所の人はもらわれたって言ったのに……。それって嘘つかれたってこと？」

かねてから島田は菊池保健所の対応に強い不信を抱いていた。

想定外のことが発覚したのは数日経ってから。

島田がアポなしで管理センターを訪れてき、保健所の対応のまずさを直接所長に訴えたのだ。それが結果的に和美を窮地に追いつめることになる。

島田が去ったあと、多田は和美を呼びつけ、吠えるように言った。

「どうして保健所が嘘ついたことまでボランティアさんが知ってるの！」

和美はなんのことかと目をぱちくりさせている。

「いや、その前に保健所が嘘つくこと自体おかしくないですか？」

不用意に放ったこの一言が多田の怒りの火に油を注いだ。和美が強く叱責《しっせき》されているとき、もはや玲が口出しできる余地はありはしなかった。

……思い起こせば愛護センター時代。ボランティアの面々とは極力フランクな関係を心がけてきた。

譲渡数を上げていくためには行政の努力だけでは限界があった。「協働」という認識を職員全員が持てていたのは、現実的にボランティアの協力なくして、殺処分ゼロの達成など夢のまた夢だと実体験から思い知らされていたからだ。

実際愛護センターでは、職員が詰めている事務室までボランティアが堂々と出入りしていた。むろん節度を保ったうえで。

しかし管理センターにとっては、ボランティアとは眉唾《まゆつば》ものであり、それ以上でも以下でもなかった。

「今後は部外者に内部情報は一切漏らさぬように」

多田は和美にこう釘《くぎ》を刺した。

「これじゃ、なんもできない」

打ちひしがれている和美に向かって玲は、

「……だけど、自分たちがここにいることで、救えた命も少なからずあるじゃない」

と言った。毒にも薬にもならない言葉だと心の中で思いながら。

知らず知らずのうちに、和美は技術員たちから煙たがられる存在になっていた。

玲に対しては、彼らが高圧的な態度に出ることはなかった。理由は簡単だ。仕事上のトラブルはすべて和美が矢面《やおもて》に立ってくれていたからなのだ。

和美には強い信念があった。一つのことに集中すると、相手が誰であろうが妥協せず、ましてや犬のこととともなれば、相手が許せないところまで踏み込んでしまう。それがやっかい者扱いになっている最大の要因であった。

特に、意に沿わないことがあるたび、怒りを露《あら》わにしながら机や椅子を蹴っ飛ばす田邊《たなべ》に対して、強烈な反発心をもっていたようだ。

例えば、ジィの散歩を終えて犬房に連れ戻すとき。

かならず足をタオルで軽く拭いてから檻の中に入れているが、ほんの少しでも通路に泥や砂が残っていると大変なことになる。すかさず「チッ」の舌打ちがどこからともなく聞こえ、「せっかく掃除したのに汚さないでくれるかなあ！」とさんざん喚《わめ》き散らされる。

こうなると田邊の怒りは収まることを知らない。高圧洗浄機を握りしめ、周囲に飛び散るくらい激しい勢いの水をぶっ放つ。

そんなとき、必死に逃げまどう犬房の中の犬たちは、単なる生物以外の何物でもなかった。事態が飲み込めない彼らは、濡れそぼつ体毛を舐《な》めることもできず、芥子粒《けしつぶ》のように飛ばされている。

田邊だけではない。二人の技術員や多田に対しても、和美は複雑な感情を抱えていた。


……目の前で殺されていく犬猫を見ながら、

「ごめんね。苦しいよね」

和美はそんなことをつぶやきながら、処分機の中に呼吸を合わせてしまう。すべてが終わってからはぼろぼろと泣き崩れ、底の底まで落ち込んでしまう。

隣でもらい泣きこそせよ、玲はそこまではなれなかった。彼女と同じことをしていたら、自分が壊れてしまいそうだったからだ。

習性化しかなかった。そのためか、最近何事に対しても鈍感になっている……。

毎月の給料をもらって働いている以上、ましてや新米の立場である以上、目の前で連日繰り広げられる理不尽を真っ向から否定することはできなかった。

ジィの行方

ふれあい方教室で大活躍してきたジィ。最後はてんやわんやの展開になった。

訪問先の小学校や幼稚園では、なかなか里親希望者が見つからず、多田や田邊からは、「いつまで残すつもりなの？」とプレッシャーをかけられていた。管理センターのホームページに情報を紹介しつづけているが誰からも音沙汰なし。

もらわれない、あるいはもらわれにくいタイプには主に三種類ある。

中型犬か大型犬。成犬か老犬。可愛くない。

熊本県の場合、収容される犬は中型犬の雑種が圧倒的多数だ。

ジィは中型犬の成犬、毛艶《けづや》も悪く、地味すぎる雑種。

だが、このまま手をこまねいているわけにはいかない。こうなったら頼みの綱の島田に助けを求めたのだが……。

島田は当時の状況を赤裸々にこう語る。

『あえて誤解を招きやすいことを言いますが、ＳＮＳでは負傷犬や命の期限がせまった子を紹介したほうが里親さんが見つかりやすい傾向にあります。もっと正直に言いますが、ＳＮ

Sでは一匹でも引き出してあげると周囲からヒーロー扱いされるんです。大勢の人から感謝の書き込みがあります。もちろん嬉しいですし達成感もありますが、その裏で里親さんを探すのはとても大変です。
二、三年前ならシェアが四百もあれば一匹助かると言われていました。今では六百～八百くらいシェアされないと見つかりません。よくよく考えてみればSNSで見つかる里親さんの枠というのは、ある程度定量が決まっているんです。そもそもSNSはとても狭い世界ですから。
見た目がよいとは口が裂けても言えないジィでしたが、ふれあい犬というキャッチフレーズが功を奏したのか、ほしいという手が挙がったんです。神奈川在住の女性の方で、電話で話したら、とても誠実な方だと感じました。空輸代も負担するとおっしゃってくれたし、その方とやりとりした譲渡契約書やアンケート履歴も、すべて和美ちゃんと玲ちゃんに提出して了承してもらいました』
こうしてジィは無事女性のもとに送り届けられた。
その翌日、管理センターの電話がけたたましく鳴り響いた。ジィが行方不明になったという。人づてに聞いたところによると、子どもにリードをもたせての散歩中、一瞬のすきをつかれ脱走を許してしまったのだ。このことが関係者の間で物議をかもすことになる。

『……それを聞いてびっくりしました。遠方の県外に空輸してまでも強引に譲渡してしまったこと。元々無理があったんです。私たちだけの問題だけでなく、ほかのボランティアの方にもよくない影響を与えてしまう。

これまで管理センターでは譲渡はぜんぜん無理だったのに、ふれあい犬のみ譲渡を認めてくれるようになって、今後その枠がなくなってしまう可能性だってある。県外譲渡そのものがＮＧにされたらどうしようと、自分のしでかしたことが恐ろしくなってしまいました』

そうこうしているうちにセミの鳴く季節が訪れた。

神奈川県の現地では地元ボランティアの協力のもと、ジィの一斉捜索が始まった。だが行方は依然としてつかめず。周囲の苛立ちは日増しにつのっていった。

子どもはわざとリードを手離したわけではない。しかし到着早々脱走を許してしまったことで、捜索に加わった複数のメンバーからは、抗議の声が上がり始めた。

母親が悪い。子ども一人で散歩させるなんて軽率すぎる。

そんな非難の言葉が、情け容赦なく女性に寄せられた。心ない飼い主の典型例としてやりだまに挙げられた彼女だが、すぐにペット探偵を雇い、それこそ血眼《ちなまこ》になってジィを探したらしい。

女性はＳＮＳの投稿で、ジィが見つかればそのまま飼いつづけたいとの意志を示したが、かえってそれが反感を買った。ある動物愛護団体が「再び犬を飼養《しよう》する資格はあなたにはない」とＳＮＳで批判。ジィの一件はまたたく間に全国に飛び火して波紋を広げた。

数日後、困り果てた様子の女性からの助言を求める電話が、和美宛にかかってきた。

「土地勘のないジィは、あの子の性格からしておそらく遠くへは行っていないはずです」

和美はそう答えた。

捜索隊の狙いはしぼられ、間もなくジィは近くの山中で無事保護された。

その後、ジィは女性の元には戻されず、管理センターが一時的に引き取ってから、新たな落ち着き先を探そうという流れに変わった。

ところが管理センターの受け入れ態勢がなかなか整わない。

結局和美がジィを引き取ることになり、一連の騒動はようやくピリオドが打たれた。

『……私が住んでいる家は賃貸マンションで小型犬しか飼えません。結果的に一人で責任を被ることになった和美ちゃんには本当に申し訳なく思っています。結果論ですが、ジィは和美ちゃんの元に帰りたかったんだ、と思うしかありません。

でも、この一件が私の保護活動を根底から見直す転機になりました。

それまでは、和美ちゃんや玲ちゃんが出してあげたいと思う子なら、極力サポートしてあげたいと思っていたんです。とにかく出そう。一匹でも出してあげよう。そんな思いが強すぎて、後先かまわず保護活動をしていました。彼女たちだってプロだし、すべての子の命は救えないとわかっています。だから私は、自分の手で里親さんに直接お届けできる範囲で飼いやすい子犬を選び、トライアルも可能な子にしぼりながら一匹ずつていねいに保護することにしたんです。その考えは今でも変わりません』

ふれあい犬カアチャン

管理センターでは、ふれあい方教室に使う犬……ジィの後釜《あとがま》が早急に必要だった。次に玲と和美の目に留まったのは、収容された直後に三匹の子犬を産んだ雌犬。雑種で推定二～三歳。玲はこの犬を、カアチャンと命名した。

三匹の子犬については島田が里親を探してくれた。八週齢（生後五十六～六十二日）になるまで母親から引き離したくないのは山々だが、ここは殺処分施設。セオリーどおりとはいかない。少なくともカアチャンと三匹の子犬は、かろうじて生き長らえることができたわけである。

週末、玲はカアチャンを自分の車で自宅へ連れ帰り、飼い犬としての社会性（適性）を見きわめることにした。

クレート（プラスチック製の囲い）の中にカアチャンを入れ、ひとまず玄関先で休憩させておいたところ、目を離したほんの数分後、クレートの留め具をめちゃくちゃにこじ開けて脱走してしまった。靴やスリッパはよだれまみれ。靴箱の上に置いてあった家族の思い出の品々は落下してこっぱみじん。

犬房の中での気品に満ちたたたずまいは仮の姿であった。

家の中を探すと、カアチャンは和室でくつろいでいる。悪びれた感じもなく、オイデと呼ぶとしっぽを振って立ち上がり、元気はつらつと息をはずませている。

仕方ない。玲はカアチャンを庭に連れて行き、太い樹の幹にリードで繋いだ。

そこには愛護センター時代に引き取った先住犬がいた。パグとビーグルのミックス（雑種）で、名はフォルテ。推定年齢は九〜十一歳。

愛護センターにいたときは、疥癬《かいせん》とマラセチア毛包炎《もうほうえん》というやっかいな皮膚病を抱えていたフォルテだが、独特の愛くるしさで職員たちの人気者。誰が名づけたのか、当時はパグビーと呼ばれていた。

パグビーには相性が合う仲間がいた。同時期に収容された中型犬の雑種。それから八か月がすぎ、原因不明の病気に苦しみながらその犬が急死するやいなや、みるみるうちに生気を失っていったパグビー。血便と血尿が止まらない。薬を与えても一向に回復せず、いつ死んでもおかしくない状態におちいったとき、和美が小型カメラで撮影した液晶画面を玲に見せてきた。

「これね、さっきパグビーがしたうんち。ＳＯＳって書いたみたいでしょ」

ゆるゆるだが、たしかにＳＯＳの配列をなしている糞便《ふんべん》が液晶画面に大写しになっている。

――パグビーをこのまま死なせるわけにはいかない。自分で引き取って育てよう。

それを見ながら玲は決心を固めたのだった。

そんな思い入れのある愛犬フォルテが、新参者のカアチャンに首根っこをかまれたまま、大車輪のように回転している。

――やめてー。

カアチャンには欲求不満が溜まっていたに違いない。殺伐とした雰囲気の中での出産。運動不足や食事、愛情面、取り巻く環境の急激な変化、それらに対するストレスが一気に爆発したのだった。

ともあれ、カアチャンの気性の激しさは玲の想像をはるかに超えており、翌週個室（子犬犬房）に戻してからも、カアチャンのあばれっぷりはエスカレートの一途を辿った。

個室の柵の高さは、普通の体高の犬では飛び越えられない程度に設計されているが、規格外の運動能力を誇るカアチャンにとってはへのかっぱ。前足を柵にちょんと引っかけ、軽々とジャンプしてしまう。

保管施設の外に繋がる搬入口は、回収トラックが出入りするとき以外は頑丈に施錠されている。どう転んでも脱出は不可能だが、カアチャンが通路をうろうろと歩き回る様子を技術員に見つかってしまったら、どんな咎《とが》めを受けるか、想像しただけでも恐ろしい。

「短い時間でもいいので、ふれあい犬候補を敷地内で走らせることを許してください」

そう願い出ると、多田は笑いながら許可してくれた。

その後、和美が毎日行ったトレーニングのかいあって、カアチャンは二代目ふれあい犬として、見事デビューを果たすのである。

改正動愛法の施行

二〇一三年九月一日。動物取扱業者への規制の強化、動物虐待や生活環境悪化への取り締まり強化などを軸に改正された新動愛法の施行に向け、県庁舎では、管理センターの専門員、保健所の予防員ら動物愛護に携わる関係者に対し、新たな法律への理解を深める目的の学習会が行われた。

今回の法改正で注目すべきは、動物の所有者の責務として、動物がその命を終えるまで適切に飼う……いわゆる「終生飼養の義務」が明確に示され、繁殖業者やペットショップなど動物取扱業者に対する規制や罰則が強化されたことだ。

これにより、飼い主から一方的に縁を切られた不要犬や不要猫を引き取る裏ビジネスをしている悪質業者を含め、引き取りを求める側に相当の理由がない場合、自治体は引き取り拒否を実行し、指導することが可能になった。

「今後は犬の引き取りはなるべく断るようにします」

「無責任な飼い主の猫の引き取りにも毅然《きぜん》とした態度で臨むようにします」

「老犬も断るようにしたいと思います」

各保健所の予防員は、それぞれ殊勝《しゅしょう》な感想を漏らしているが、玲や和美にとっては不安要素のほうが大きなパーセンテージを占めていた。

堂々と引き取り拒否できると法律が変わったことはもちろん喜ばしい。だが、引き取りを求めてくる心ない飼い主を愛護センターで数多く見てきた二人にとっては、いかに行政側が口酸っぱく指導したところで、あるいは突き返したところで、動物に対する考え方を根底から変えることは困難だと思い知らされていたからだ。

引き取りを断られた末、行き詰まった人々の多くは、なんとしてでも逃げ道を探ろうとする……。その中にはネグレクト（飼育放棄による動物虐待）におちいってしまう者もいる。「引き取り屋」という新たな業態に間接的ながら加わる者もいる。

引き取りを拒否したあとの追跡調査は現実的にできないのだ。

改正動愛法の施行後、管理センターの収容数に目立った変化はなく、相変わらずたくさんの犬猫が連日運び込まれてくる。

——管理センターから譲渡できる数を一匹でも増やしたい。

そう思いながらも、見境なく譲渡していくやりかたには慎重であるべき。それは玲と和美の共通認識だった。

水俣《みなまた》市の津奈木町《つなぎちょう》で開催された啓発イベント「水俣・芦北《あしきた》地域動物愛護祭」。会場となった総合公園の一角で、地元の動物愛護推進協議会が主催する譲渡会が行われたとき。一般対象の犬のしつけ教室を開いてほしい、と求められ、玲と和美が現地に赴いた。

しつけ教室の終了後、何組かの家族が里親になりたいと名乗り出てくれ、その場で数匹が譲渡された。太陽が西に傾いてきた時刻、そろそろ片づけを始めようとしていたときだ。

「子犬が残っているならもらってやってもいい」

と、八十歳すぎの老婦人が現れた。現在一人暮らしだという。

「もう、これ以上大きくならんよね？」と老婦人。

「そんなに大きくはならないと思いますけど、もしかしたら大きくなるかもしれません」和美は正直にそう答えた。

「これ以上大きくなったら困る」老婦人は顔をしかめた。

和美は言葉を選びつつ、優しい口調でこうさとした。

「おばあちゃん。お気持ちはとってもありがたいのですが、ご自分の年齢やご家族の理解も含めて、本当に最後までお世話できるかどうか、よく考えてから飼ってくださいね」

その言葉を聞いたとたん、老婦人は、「やっぱり飼う自信がない」とあきらめたように溜息をついた。

老婦人が去ったあと、保健所の担当者は、

「せっかくのチャンスをもったいない。余計なことを言わなければもらわれるところだったのに」

憤懣《ふんまん》やる方ない様子でそうつぶやくと、やおらメガホンをつかんで周囲の来場者に向かって大声で呼びかけた。

「もうすぐ終了になります。今なら、子犬は全部無料ですよー」

「待ってください。出せばいいという考えは乱暴だと思います」

和美の忠告に対し、担当者は最後まで耳を傾けようとはしなかった。

消耗

玲が管理センターに入ってから半年。管理センターの中庭はすっかり秋色に染まっている。

ふれあい方教室は順調に回を重ねており、管理センターから車で走って一時間圏内の小学校や幼稚園はほぼ行きつくした感がある。したがって、十月に入ってからは県境周辺まで遠路はるばる行かなくてはならない。

……帰路、和美は多田がハンドルを握る後部座席で、こっくりこっくりと大きな船を漕《こ》いでいる。

無理もなかった。シングルマザーとして仕事と子育ての両立。出勤前は毎朝五時前に起きて三歳の息子のために朝食をこしらえ、保育園が開園する七時十分に間に合うよう片道一時間以上かけて車で送り届け、勤務後は再び迎えに行き、また一時間以上かけて車を運転しながら帰宅。帰ってからは食事の準備から掃除、洗濯。そんな日々の疲れに加え、職場でのストレスが彼女を精神的に追いつめていた。

ある日、事務室でくつろいでいる最中、多田が隣の和美に、なにかをほのめかすようにこう切り出した。

「あのさ、畑のトマトがいつの間にか全部なくなってるんだよね、知ってる?」

「は?」和美は口をあんぐりさせている。

「うんトマト。須藤《すどう》さんと小嶋《こじま》さんは先週の土日も出勤してくれてたよね。なんでも週明けの月曜、裏庭に植えてあったトマトがごっそりなくなってたんだって。田邊さんが、誰なんだこんなことしたのは、とさんざん文句言っていたから……」

その珍妙なやりとりを聞いていた玲にも思い当たるフシはない。

かつて、管理人が寝泊まりしていた木造家屋の裏にある小さな菜園。そこで田邊と多田は、それぞれ趣味の野菜作りにいそしんでいる。

「トマトなんて、私盗まないです!」

あきれ返った様子の和美の膝が浮き上がりかけたが、多田は意に介さない。

「ああそう、ならいいや。それとは別の話で、近所の人から大きな犬のウンコが道に落ちていて、ずっとそのまんまだったと苦情の電話があったみたい。それだとまずいから、ウンコしたらちゃんと拾ってね」

そんなこと言わずもながであるが、ふれあい犬を散歩に連れ出すときはビニール袋をもち歩いている。道すがらウンコすれば拾ってもち帰る。当たり前である。

「あ、そう。ウンコちゃんと拾ってる。そりゃそうだよね。まあ施設の中が泥で汚れたらいやだの、たまには庭の草取りの手伝いをしてだの、中庭のバラが心配だからリードを長くして犬を繋がないでだの、色々うるさく言われているから、十分注意してね」

らちもない。後日判明したことだが、トマトを盗んだ犯人はカラスとわかり、ウンコの主は、近くに住んでいる一人暮らしの老人が放し飼いにしているポインター。翌週、管理センターの外壁に向かって気持ちよさげに座り込んでいる姿を玲が目撃した……で一件落着した。

他人のことには関心がなさそうな多田は、和美の心の変化には気づいていないようである。和美の瞳からはいつしか輝きが消えた。割り切れない思いを愚痴《ぐち》にして吐き出すこともなくなった。ひたすら耐える……。そんな様子を早くから玲は感じとっていた。

それでも核心の部分には触れられない。

それを口にしてしまえば、恐れていることが現実になってしまいそうだから。

出る杭は打たれるというが、和美が事務室にいるときといないときでは技術員らの態度は明らかに違う。

それでも和美は気丈にふるまっていた。彼女の胸には秘めたる思いがあったのだ……。

地元テレビの取材

……管理センターの犬房に、地元テレビ局のカメラが入ったのは異例中の異例だった。

和美が裏で動いたのだ。まともな手続きではお蔵入りにされてしまう。そう考えた和美は、市内で活動しているフリーの女性報道ディレクターに、管理センターの取材を求める旨をしたためた一通の手紙を送っていたのだった。

管理センターで起きている実情を世間に知ってほしい。リスクを覚悟での行動だった。どうしてこの企画が実現したかといえば、その女性ディレクターは、十年以上前から管理センターの門をくぐってきた経緯があったからだ。

その頃、空前といわれたペットブームはピークを迎えていた。ペット用の洋服、高級品のペットフード、ぜいたくな愛玩グッズや高価な美容サービスが市場にあふれていた。市の愛護センターでは年に千匹余、県の管理センターでは六千匹余が殺処分されていた頃である。

女性ディレクターが取材を始めたのは、「県の管理センターはまるでアウシュビッツのようだ」という民間からのタレコミ情報がきっかけである。そこで環境省のホームページ情報を探ってみると、犬猫の殺処分数が他県より圧倒的に抜きんでていることがわかった。いてもたってもいられなくなった女性ディレクターは、カメラマンを従えて管理センターの門を叩いたのだった。

案の定、壁は分厚かった。門前払いを幾度となくくらってもしつこく食い下がり、当時いた老齢の所長と人間関係を少しずつ密にしていった。その結果、「自分が映されるのはNG。世間的な職業差別があるから仕事内容も公表してくれるな」という条件をのむことで保管施設に入ることが許されたのである。

ところが当日。がらがらとシャッターを閉められ、所長から激しい口調でこう言い放たれた。

「犬を捕獲に行くたびに、一般人から犬殺し！ と罵《ののし》られる。その辛さがわかるか？ その責任をお前らマスコミにとれるのか！」

そこで取材は中断した。

管理センターへの取材オファーが、地元テレビ局から県の危機管理課に正式に提出され、受理されたとの連絡が和美に入った。この企画が実現した裏側では、女性ディレクターの相当な根回しがあったことは想像に難くない。

玲と和美は一日千秋《いちじつせんしゅう》の思いで取材チームが訪れる日を待ちつづけた。ところが直前になってカメラマンが手配できない都合から予定変更。改めて提示された来訪日は翌週水曜になった。それを知った田邊は顔をしかめた。水曜は収容数がもっとも多い日であり、犬房の中は常に満杯なのだ。

……そこで手が打たれた。取材チームがくる前に保管施設の中を〈きれい〉にしてしまおうというのだ。技術員は姿形のよさげな数匹だけを残し、火曜の夕方に片っ端から処分してしまった。

撮影当日の朝、がらんとしている犬房の中を見て、玲と和美は驚き、失望した。

当日立ち会い役として訪れた県職員の判断によって撮影が許可されたのは、玲と和美が犬に餌や水を与えている健気な仕事ぶり。犬や猫の切なげな表情。処分機の中を覗きこんで二人が涙に暮れる場面……など。むろん多田や技術員にカメラのレンズを向けるのは御法度《ごはっと》。

空いっぱいの鰯雲《いわしぐも》からのぞく太陽が中天にかかる時刻、とどこおりなく撮影は終了。和美は多田や技術員に気取《けど》られぬよう女性ディレクターに告白した。

「予定よりも早く処分してしまったようなんです。普段はもっと多いんですが……」

女性ディレクターは小さくうなずいた。細かいところまで言わずとも裏事情は十分察していたようである。

この日撮影された内容は情報番組の枠で放送された。期待していた手紙や電話などの反響は思いの外少なく、県外在住の数名の視聴者から少額の寄付金が郵送されてきただけだった。

しかし、和美はあきらめなかった。この秋、熊本市の中心部にあたる中央区桜町一帯で、十万人規模の県民市民が訪れるテレビ局主催の屋外イベントに管理センターをPRするための特別ブースを出してみませんか。……この取材を通じて、そんな打診が和美に寄せられていたのである。


愛護センター勤務時の和美は、市内のあまたある動物愛護イベントに市職員として参加、迷い犬を減らすための「迷い札をつけよう運動」の啓蒙活動を行ってきた。

先般放送された番組のメイン司会を務めた女性アナウンサーから直々の打診。和美は、すぐに多田に相談をもちかけてみたものの、例のごとく一向にまとまる気配はなく、月日だけがいたずらにすぎていく。

申し込みの締め切り日がせまってくる中、和美は、「ここまできた以上、私的な立場でもいいから参加したい。クビにされてもいい」とまで言い切った。

その熱意に突き動かされ、玲も協力する意思を固めた。

いわば隠密行動である。「職場には内緒にしてください」の一文を添え、個人として参加する旨をしたためた各種資料をイベント主催会社に送付した。

数日後、女性アナウンサーから連絡があった。

ブースの設置場所は県民百貨店（現在は閉店）が目の前にある辛島《からしま》公園。そこに大学で動物愛護ボランティア活動をしている学生と共有でテント一張りを用意するから、その半分を自由に使ってよいという。

学生との話し合いの結果、ブース内では保管施設に入れられた犬猫の写真をパネルで飾ることにし、刺激の強い写真は冊子にまとめて、見たい人だけに見せる資料とすることで落ち着いた。

ブース内では一日数回に分けてのデモンストレーションの時間を設けることになった。簡単な迷子札の作成方法を実演する学生の持ち時間が一回あたり三十分。和美はふれあい方教室の内容を一般向けにアレンジして一回あたり二十分。

そうして迎えたイベント本番。ところが当日の朝になって急に玲が体調を崩してしまった。高校生の頃から抱えている持病（唾石症《だせきしょう》。唾液腺《だえきせん》に結石が生じ、唾液の通過障害が生じる病気）を悪化させてしまったことにより、急遽予定をキャンセル。口の中を切開して、結石を取り除く緊急手術を受けることになってしまったのだった。

和美は一人、会場に赴いた。

午前中ブースを訪れる人はまばら。午後になり様子を覗きにやってきた女性アナウンサーが集客に一役買ってくれるや、テントの前にはわらわらと大勢の見物客が押し寄せてきた。

「ペットを迷子にしないでください！　捨てないでください！」

和美の呼びかけに真剣に耳を傾けてくれた。その中には若いカップルや家族連れもいたが、ひとしきりすると周囲は閑散とし始めた。

遠くから聞こえる祭り囃子《ばやし》……。人気のお笑い芸人によるB級グルメのイベント……。撤収が終わった薄暮《はくぼ》の空。なんとも言えない寂しい思いが和美の胸に去来していた。

ノイヌのチビ

年の瀬が近くなり、中庭の天然芝に霜が降りてきた。

陽が差さない犬房。この施設には冷暖房の設備が備わっていないため、夜の帳《とばり》が下りる頃にはひどく底冷えがする。

少しでも寒さをしのげるように、と地元の動物愛護団体が差し入れてくれたウレタン製のマットレスが複数枚隅っこに敷かれ、その上で何匹かが小さく丸まっている。

個室には、入って早々ほかの犬にかみ殺されそうになった一匹のチビ犬が横臥《おうが》……。山鹿《やまが》保健所出身。おそらくノイヌ。がりがりに痩《や》せており、首から背中にかけてひどい皮膚病、頭部には傷を負っている。

このままにはできない。タオルケットにくるみ、成犬犬房から個室に移してやったのだった。

「もう怖くないよ」

……これ以上はどうすることもできない。

そわそわと落ち着かず、ひどくおびえた様子。それでも玲と和美が近づくと、四本の足を踏ん張り、ひょこひょこ動き回る。

スプーンに乗せたウェットフードを鼻先に差し出すと、チビ犬はタオルケットの隙間から顔だけ出して小さな声で啼《な》く。

「おなかすいたもんね」

和美の手を遠慮がちに舐めているチビ犬。

……運の強い犬だった。周りの犬が次々と殺されていく中で、なんと二週間も殺処分を免れたのだ。

タオルケットの中に要領よく隠れていたのか。もしくはあえて技術員が見逃してくれたのか。

玲と和美は個室の中のタオルケットの枚数をどんどん増やしていった。

やがてタオルケットの城ができあがった。

「うまく隠れるんだよ」

和美は、上司たちの許しが得られれば譲渡犬としての枠を使ってでも助けてあげたい、ひそかにそう思っていたようだった。

それを可能にするには、まずはチビ犬の怪我と皮膚病をしっかり治すこと。

……二人はさんざん悩んだ末、チビ犬の病気と怪我を治し、基本的なしつけをマスターさせれば、ほんのわずかでも可能性は残っている……という考えに行き着いた。

土曜。

朝の散歩当番は和美。チビ犬を家に連れて帰り、シャンプーをしてあげようと思っていた矢先だった。

和美が「チビ?」と呼びかけたとき、チビ犬は色とりどりのタオルケットにくるまれ、眠るように死んでいた。

和美の退職

翌年、早春の季節になると、管理センターでは乳飲み子の猫の数が激増した。自力で乳を飲めない子猫の面倒を見るため、専門員は一日あたり複数回、授乳や排泄の介助に追われる日々。そんな折、人づてにこんな情報が二人の耳に入ってきた……。

【四月、愛護センターが嘱託職員を三人募集する】

金曜。池上《いけがみ》が黙々と焼却炉を動かしている。田邊は休み。武田《たけだ》は施設全体の清掃や庭木の手入れ。一連の作業が終わると事務室に戻ってパソコンを開き、トランプゲームや数字合わせゲームに興じている。

「その辺をグルーって行こう」

収容されてから二週間足らずの雑種犬ベッキーとブーを連れ、二人は敷地外に繰り出した。

カアチャンが福岡県在住の女性の元に引き取られて行ったのち、ふれあい犬の枠を使って残した犬はこの二匹。

玲が目をつけた黒毛のベッキーは推定一歳。人吉《ひとよし》保健所出身。なんとなく猟犬として飼われていたフシはあるが、人には従順でおとなしい。

茶毛のブーは少々ムラッ気はあるものの、見込みがあると和美が太鼓判を押したことで残すことが許された雑種。こちらも人吉保健所出身。

……くっきりと透き通った青空。遠くに浮かぶ山々の稜線があたたかな日射しに浮かんでいる。

二人は草の上に座り込んだ。それを見たベッキーとブーもごろんと横になる。

この二匹は特別仲がよい。どんな理由はあるのかわからないが、同時期に収容された犬同士は争いを避ける傾向が強い。逆に収容日が数日ずれただけで、とたんに敵対関係におちいってしまうのが犬社会のふしぎだ。

二匹は組んずほぐれつしながら二人の周りでじゃれ合っている。

ベッキーの背後に回ったブーが興奮しておおいかぶさろうとする。

「こらあ、ブーは女の子でしょ」

玲がたしなめるが、ブーは聞こえないふり。

ハアハアと荒い息をしているベッキーが、ぼろの軍手を口にくわえながら、二人の周囲を走り回っている。

「だめでしょベッキー、なんでもくわえちゃうんだから」

玲から軍手を取り上げられたベッキーは、いじけた動作で仰向けになり腹を突き上げる。

「この子、こういうの大好きだもんね」

玲とベッキーのやりとりを見ながら、和美は穏やかな表情を浮かべている。それからややして、

「あのね、ごめんだけど、ここ辞めようと思う」

と蚊の鳴くような声でつぶやいた。

玲は、こくんとうなずいた。


……涼やかな風がそよいでいる。

阿蘇くまもと空港へ降り立つ旅客機が轟音を響かせながら頭上をとおりすぎていく。

和美は視線を落として、足下の羽虫をぼんやり見つめている。

「……ショック、だよね?」下を向いたまま、和美が遠慮がちに言った。

「そりゃ、そうですよ」

「……うん」

「辞めてからどうするんですか？」

「玲も聞いているよね。愛護センターの面接、受けようと思う」

和美は顔を上げ、玲の顔をまじまじと見た。

「希望者はきっと多いでしょうね」

「たぶんね」

「でも、和美ちゃんなら絶対受かりますよ」

「そうかな。募集は三人だけみたい」

「大丈夫ですよ」

「玲は、どうするの？」

「私？」

「これからもここ、つづけていく？」

「……心折れない限りはつづけようとは思っていますけど。……ですよね。今後どうしようとかぜんぜん考えてなかった」

「だよね」

「犬の処分数は一昨年の実績よりも三分の二くらいまで減らすことができたけど、猫の処分数はあんまり減っていないし」

「……」

「でも、和美ちゃんは愛護センターで働くほうが合っているような気がします」

「そうかな。よくわかんないけど」

「所長には伝えました？」

「……まだ、なかなか言い出せなくて」

和美はかぶりを振った。一群の雲がゆっくりと流れていく。

「正直ね、私も愛護センターに戻りたい気持ち、まったくないって言ったら嘘になりますからね」

「玲がいてくれたおかげで、どれだけ助かったか。どれだけがんばれたか。もし一人だったら、とっくにここ辞めてた。保健所から入ってきた犬を島田さんが引き出してくれるってなったとき、引き出す前提で保健所の人に許可を取ろうとしたら、報告を怠ったとして怒られて、それから保健所との関係がぎくしゃくしたところ、あったし」

和美が目頭を押さえている脇で、土埃を舞い上げながらブーとベッキーがあばれ回っている。

「いいんですよ。私が和美ちゃんに頼ってばかりいたから、かえって申し訳なくて……。でもそう決めた以上、絶対に愛護センターに戻ってくださいよ、ね」

募集の締め切りは三月四日。面接試験は三月十日。玲は一週間ほど悩んだ末、自分なりの考えをまとめた。

――正直寂しい。不安だ。でも、もう少しがんばってみよう。二人ともここを去ってしまえば、今までの努力が無駄になってしまう。

そう思った。

それから数日経ち、和美は多田に退職願を手渡した。それを玲は横目で見ていた。多田は一瞬まごついた表情を見せたが、すぐに威厳を取り戻した。

「それはもう、須藤さんは自分に合った道に進んだほうがいいと思う」

と言いながら、三月末の退職をその場で了承した。

多田は和美が退室したのち、すかさず、

「彼女が愛護センターの面接を受けて落ちたとしても、もうここには戻れないよ」

と耳打ちするように言った。つづけて、

「ほかに誰かいい人、知り合いにいる？」

そうも聞かれたので、

「須藤さんが後任として推薦したい人がいるって言ってました」

と言うと、多田は安堵《あんど》の表情を浮かべた。急ぎ欠員の穴を埋めたい現場責任者の立場としては当然であろう。

和美が推したい人物というのは、玲が臨時職員として愛護センターで働き始めたとき、一足早く入所していた相川京子《あいかわきょうこ》。

愛護センターを辞めて以降、接客業のアルバイトをしていた京子は、ちょうど和美と入れ替わるタイミングの三月半ばで辞める腹づもりだったらしい。

一つだけいぶかしく思うことは、かつての彼女とは仕事に対する向き合い方が大なり小なり異なっていたこと。ただし、当時は物足りなく思えた彼女の守りの姿勢が、この職場ではかえって評価されるかもしれない……。

それに猫好きな京子が加わることで大きな利点がある。今まで犬に注意が向きすぎるあまり、おろそかになっていた部分……猫の世話や管理、乳飲み子のケア（ミルクやりなど）など、確実に充実できるはずだ。

思い起こすと。将来動物のためのシェルターを自分の手で造りたい……そんな夢を京子が語ってくれたことがある。内情を理解したうえで働いてくれるなら、これほど心強い存在はない。

そうした中、和美が働く最後の週が近づいていた。

第四章　蘇生

忘れていたこと

和美《かずみ》が猫室を覆っている古新聞紙のカバーを一枚ずつめくり、個体ごとの健康状態をチェックしている。

声を荒らげて威嚇している成猫の隣で、老猫二匹が折り重なるように眠りこけている。少々惚《ぼ》けが入っているようである。

「食べる？」

餌をスプーンですくい鼻近くにもっていくと、二匹はざらついた声を上げ、一心不乱に舌で舐《な》める。

「うわ、食べたねー」

和美が手を叩いて喜んでいる。

餌を全部平らげると、二匹はまた横になり、くーくーと高いびきを掻き始める。

そのとき、ふと頭によぎった〈猫の命は九つある〉という格言は、かつて愛護センターのベテラン獣医師が教えてくれたもの。車に轢《ひ》かれて内臓がばらばらに飛び出した状態でも、猫はしばらくの間は生きつづけることができる。それほど生命力が強いのだという。

「あのさ、和美ちゃん」玲《あきら》が言った。

「なあに？」

「これからはみんなに嘘なんかつかないで、堂々と管理センターから引き出せるようになりたい」

「……そうだね」

ふれあい犬の枠を使ったり、直接譲渡できる友人知人を頼る以外、まともな手段で引き出すことは難しい。

だからときおり、事実とは異なる報告をする。

「檻の中で死んでいたので冷凍庫に入れておきました」

県に対して計上する年間の集計には細かく神経を配る上司たちも、さすがに冷凍庫の中身については詮索《せんさく》しない。それでも処分数が少ないときは怪しまれる可能性もあり、ひんぱんにはできない。一定の間隔を取りつつ、誰にも気取《けど》られないよう少しずつ少しずつ、水面下で引き出していったのだ。

だから常に薄氷《はくひょう》を踏む思いだ。小さな命を救うためとはいえ、同じ職場の人間を偽りつづける自分がそら恐ろしく感じるときがある……。

……マットレスにちんまりと座っている豆柴。年齢はおおよそ五歳。商品タグがついた赤い胴輪をつけている。管理センターのホームページには紹介されていない。

おとなしい性格のこの豆柴は、収容されて以来一声も発していない。犬房の奥で縮こまりながら常に周囲を警戒している。本当は前に出たいのだがほかの犬が怖くて仕方がなく、どうしても一歩踏み出せない。そんな感じだ。

近づいて触ってみるときわめて素直。オスワリ、オテ、オカワリ、マテ、フセもしっかりこなせる。この豆柴を、どうにかして救える術はないものか。そんな考えが込み上げてくるが、菊池《きくち》保健所出身とあっては正攻法で譲渡できる望みは低い。

まだあどけなさを残している豆柴を、まじまじと見ていた和美が、

「いい子だね、マメちゃん……」

と言いながら手を差しのべている。命乞いをするように檻の手前まで体をすり寄せてきた豆柴は、その手をぺろぺろと舐めた。

「珍しいですね。ふれあい犬以外で名前をつけてあげるの」

思わず玲がつぶやいた言葉に、和美ははっとした表情で振り返った。

「……そういえば、愛護センターにいたとき、一匹ずつ名前をつけてあげていたよね。ここにきてから、そんなことすっかり忘れてた」

「とにかく数が多すぎるし、お世話できる時間もなさすぎて、ですよね」

マメちゃんは一日前に収容されている大きな柴犬との相性が合わないようだった。技術員が床面いっぱいに固形ドッグフードの粒々をばらまいたとき、マメちゃんに対して柴犬が激しく威嚇行動を起こしたためだ。それからというもの、マメちゃんは犬房の四隅いずれかを背負う格好でひたすら座りつづけている。

感傷的な気持ちも手伝ってか、和美はマメちゃんの存在が気になって仕方ない様子であった。技術員からは、三日後にあたる木曜の夕刻にまとめて処分すると聞かされた。

前日水曜の夕方四時半。最後の食事。

犬房の犬たちは大好物のパンの耳を与えられ、無我夢中でぱくついている。落ち着いていられないマメちゃんは、床に残った数切れだけをようやく口に入れた。

木曜は朝から雨が降っていた。

出勤してきた技術員はそそくさと犬房に向かった。玲と和美は取るものも取りあえず犬房へ走る。

犬房の中は成犬が七匹、子犬が十五匹。なぜか朝一番に処分することに変わったという。

すでにマメちゃんは、ほかの犬や猫が入った麻袋とともに処分機の中に収められている。

八時三十分すぎ、逝った。

失った相棒

本人が望まなかったせいもあるが、和美の送別会は行われなかった。

その日の朝、多田《ただ》が、「今日で須藤《すどう》さんは最後になりました」と神妙な顔で告げると、三人の技術員は、「あ、そうなんだ」と口をぽかんと開けているばかり。ねぎらいの言葉を彼女にかけることは最後までなかった。

新年度にあたる四月に入ってからすぐ、ブーとベッキーは徳島県在住の女性に引き取られていった。五月、ふれあい犬候補として個室に移されたのは、新たに収容されてきたヨシコとチャタロウの二匹。

ヨシコは玲が残した雌の雑種。小柄で痩身《そうしん》。体のどこに触っても落ち着き払っている。雄のチャタロウはまだ一歳にも満たない雑種。「垂れ耳で可愛い子犬を残しておいてほしい」そんな多田のリクエストに応じて、辞める直前の和美が残した犬だ。

和美の退社後、玲の受けもつ仕事は激増した。入れ替わるように新人の相川京子《あいかわきようこ》が入所してきたが、動物に対しての価値観の違いが早くも露呈《ろてい》する。

京子は救える可能性が低い犬猫に時間や労力を割くよりも、学校の訪問教室をしたり、老人ホームに犬を連れていくような普及啓発活動に力を注ぐべきだと主張する。

それはそれで大事なことだと思う。ただ、目の前の現実から目を背けたままの彼女の言い分には、どうしても賛同できない玲であった。経験則の問題じゃない。どこを向いて仕事をするのか、なにを主題（テーマ）に置くのか。根本的な思想が共鳴できていた和美とは、互いに切磋琢磨《せっさたくま》しながら、同じ志をもつ者同士高めあってきた。

ところが京子が入所してきた当初、一緒に殺処分に立ち会ったとき、まるでテレビ画面を見ているような冷《さ》めた目つきをしていることに、驚きよりも畏怖《いふ》の念を抱いた。見てどう感じたかと問いかけてみると、「かなり落ち込んだけど……」と言いつつも、「もしかしてクールな部分が私にはあるかもしれない」と言葉を足した。

彼女は割り切っていた。

ふれあい方教室の担当は、和美が去ってからしばらくは玲が司会進行、京子が着ぐるみ役を任されていたが、普及啓発を軸に活動したいと主張する彼女の意志を尊重し、途中で進行役をバトンタッチすることになった。

ところが一、二度やってみて、「やっぱり無理です」と泣きついてきた。理由を訊《き》けば、極度のあがり症だという。大人相手のときは平静を保てていられるが、突拍子もない反応を示す子ども相手だと急に緊張してくる……とのこと。

「そんなの馴れですよ。私も緊張しいだから、普通に話せるまで一年くらいかかりました」

と励ましてみたが、

「やっぱ自信がない。着ぐるみに戻らせてほしい」

と頑《かたく》なにこばむ京子。

積極的に体を動かしたり、人の輪に入っていくタイプではない。それは犬相手でも同じで、犬房の中に率先して入ろうとはしない。

むりやり危険にさらすわけにはいかない。中に入って食事や水を与えるのは玲一人の仕事になった。

いつしかヨシコとチャタロウの散歩も別行動になった。

ある日。目の前の仕事がさばききれなくなったとき、「今日は忙しいので先に行ってもらえますか？」と頼んだところ、二つ返事で出かけていった。次の日も自然の流れで別々になった。

その翌日、たまらず玲から一緒に行こうと声をかけてみたが、会話は弾まず、終始気まずい雰囲気。それが一緒に散歩に出かける最後となった。

「動物愛護団体の人とはほとんど係わったことがないし、やっていることにも共感できない」

京子はそんなことを口にした。訊けば、愛護センター勤務時代に動物愛護団体の有識者と一《ひと》悶着《もんちゃく》あったらしい。

「つきあい方しだいですよ」

とさとすと、

「あの人たちのやっていること、私が本当にやりたいこととは違うんだよね」

とへそを曲げてしまう。

「なら、京子さんが本当にやりたいことってなんですか?」

「まだ……わからない」

以来、ことがあるたびに開き直りとも受けとれる発言を繰り返す京子との溝は深まっていった。それと比例するように、玲が抱えるストレスは日増しに高まっていくのだった。

愛犬フォルテ

玲と和美が一緒に働いていたときの二〇一三年度。熊本県内における犬の殺処分率は、過去十年で最低となる四十八・六パーセントまで低下し、県と市を合わせた捕獲数と引き取り数の合計からはじめて五割を下回ったとの集計結果が県の危機管理課から発表された。なお、猫の殺処分率は、二〇一三年の九十七・二パーセントから八十五・八パーセントと縮減率は微少であった。

京子が入って約半年が経った秋、玲は実家で飼っている愛犬フォルテの介護に追われていた。推定十四歳。寝たきり状態になってからの半年間は、皮下に痛み止めの点滴を二日に一度、やがて一日一度は打たなければ、苦しみのたうつようになった。

それでもフォルテは、目の前に出された餌は残さずたいらげた。

「この状態で餌を食べつづけられるのは通常ありえません。どうして食べられるのかさえわかりません」

とかかりつけ獣医師は目を白黒させていたが、間もなくフォルテは食餌を放棄。それからは坂道を転がり落ちるようにみるみる痩《や》せ細り、あばら骨がくっきりと浮き出るようになった。

そんなフォルテを見ながら獣医師が、安楽死はどうかとすすめてきた。躊躇《ちゅうちょ》する玲に対し、獣医師は宣告するように言った。

「日本の文化とは違い、アメリカや欧州ではペットが自活不可能と判明した時点で安楽死を選択する考えが主流です。まだ元気なうちに楽に死なせてあげるのです。その代わり、その子にとって最後の一日を最高の一日にしてあげる。私は獣医師ですから、あくまで選択肢の一つになりますとお伝えしているだけで、判断するのは飼い主さん側です」

……愛犬を病気と闘わせて介護していく考えかたは、日本独特のものだと聞いたことがある。

玲は一日でも長くフォルテに生きていてほしかった。安楽死であろうとなんだろうと、人間の目線から動物の命の限界を定めるという行為は、職場で見ている世界だけで十分だった。

玲は獣医師のすすめに対して首を縦に振らなかった。

それからの一か月間は、フォルテを車の助手席に乗せ、思い出の地を何か所もめぐった。風を切って走る車窓から町の風景を眺めるフォルテは、実に嬉しそうな表情を見せた。

やがて体力気力がつき、いよいよの状態におちいった頃、福岡県にペット可の立ち寄り温泉があると聞き及び、思い切って連れて行くことにした。

海沿いのテラスには足湯があった。フォルテが寒がらないようタオルケットで全身をくるみ、爪先からゆっくり湯に浸けてあげると、それまで荒い息づかいをしていたフォルテが気持ちよさそうに目を細めた。鼻をひくつかせながらうたた寝を始めたその背中をさすろうとしたとき、吐息とともに失禁した。

玲はフォルテを力いっぱい抱きしめた。

変化のきざし

動物の死に対する価値観は人それぞれだが……。

意見の相違があるたびに内に籠《こ》もってしまう京子の本音は推し量るしかない。アドバイスしたつもりの自分の言葉が、一つ歳上のプライドを傷つけていたのだろうか。さとしたつもりが詰問口調になっていたのだろうか……。

おそらく、この職場で辛いのは主に精神面だけで、肉体的にハードな仕事を強要されることはない。プラス・アルファがやれないことでケシカランと叱責《しっせき》されることもない。疲れた眠いを連発しながらデスクでうたた寝をしている京子に苦言を呈す者もいない。

そんな京子との微妙な空気を察してか、ふと池上《いけがみ》が、

「そんなに我慢しないで、もうちょっと楽に仕事すればいいし、もっと楽しんでいいよ」

と真面目な顔で言ってきた。見透かされているようで、どきりとした。

中庭で犬のしつけに励んでいた京子が、逆にもてあそばれていたときもそう。事務室にいた玲に向かい、

「あの犬は彼女じゃ無理だ。小嶋さんじゃないとしつけられないよ」

とわざわざ声をかけてきたのも池上だ。

――もしかしたら池上だけは自分の内面をわかってくれていたのかもしれない。

会社の創立記念行事が市内中心部にあるホテルで行われたときのこと。着飾った大勢の社員でひしめく中、玲は県立体育館の清掃をしているという中年女性と会場の隅で杯を重ねていた。

宴たけなわの頃、酔眼《すいがん》の池上が隣に座り、ぼそりと言った。

「君はこれから伸びしろがあるよ。がんばりな」

普段はぶっきらぼうな池上からそんな言葉をかけられたのははじめてのことだったから、嬉しさよりも内心ぎょっとした。

そういえば。

以前と比べれば、あれほど距離を感じていた技術員たちとのコミュニケーションが心なしか増えてきた気がする。特に池上や武田《たけだ》は、今まで言わなかった軽口も叩くようになったし、仕事中も気さくに声をかけてくれるようにもなった……。

玲が一人で犬房の中に入っているとき、「危ないよ、大丈夫？」「お、その子人懐っこいね」「そいつはお利口だね」などと話しかけてくれるのは、いつも池上。

武田は犬同士が激しいケンカを繰り広げているときや、玲や京子の力ではどうにも分けられないとき、隣の犬房に移す仕事を率先して引き受けてくれる。

犬房の床に敷く防寒用のマットレスやタオルケットは、回収トラックが戻ってくるタイミングを念頭に入れ、到着する寸前に犬房から抜き出すようにしている。技術員たちが行う清掃作業（相変わらず高圧洗浄機を使う）の邪魔にならないようにだ。

遠距離の学校にふれあい方教室で向かうとき、長い時間留守にするときなど、池上にその仕事を頼むと、「いいよ、こっちはやっておくから」と快く応じてくれる。犬や猫に対しての扱いが乱暴なのは玉に瑕《きず》だが……。

驚くべきことに、あの田邊《たなべ》も意外な一面を見せてくれたのだ。

ある日の朝、通勤用の原付バイクが途中でガス欠になってしまった。這々《ほうほう》の体《てい》で職場に辿り着いたはいいものの、帰宅時は再び数キロ先にあるガソリンスタンドまで手押しで行かねばならない。夕刻、ゆううつな気分で帰り支度をしている最中、田邊がいつになく穏やかな口調で声をかけてきた。

「おい、どうやって帰るんだ？」

「どうにかします」

田邊は、よしと小さくうなずくと、自分が通勤に使っている軽トラックの荷台にひょいとバイクを積み込み、太いロープでくくりつけた。

ガソリンスタンドに向かう車中で、田邊が独り言のようにぼそぼそと話し出した。

「……元々、俺は犬が好きでさ、ここに配属されるまでは普通に犬を飼っていたし、檻の中から一匹出してやって家にもち帰って飼ったこともある。でも家族には、犬や猫を殺している仕事をしているなんて口が裂けても言えねえ。

……夜になったら夢に出るんだ。たくさんの犬や猫が俺のほうをじっと見ている夢だ。そのうち話しかけてくる。そんなとき、自分がガス室に入れられたみたいに苦しくなってくる。近くの住民からも犬殺しってののしられたこともある。あいつらを殺したくて殺しているわけじゃない。捨てる奴がいるからだ。俺はいつだって我慢しながらそれをやってるんだ」

普段は強面《こわもて》の田邊が、はじめてのぞかせる苦悩であった。

ぶち犬のイヤー

二〇一四年十二月の最後の週、長い間ふれあい犬として残していたヨシコとチャタロウを除く犬二十一匹、猫十四はすべて殺処分される予定になっていた。

その中に菊池《きくち》保健所から入ってきてすぐの白茶のぶち、中型犬の雄がいる。

一緒に入っていた大型の野良犬から左のほほをかじられ、激しく揺さぶられているところを玲に発見された。

——引き離さなきゃ。

と、とっさに組みついた瞬間、ひらめいた。体中どこに触っても落ち着いている。しっぽを振りながら愛くるしい仕草を見せるぶち犬を見ながら、絶対に譲渡できると確信した。

なにしろ、和美が去って以来、通常業務に追われる日がずっとつづいており、まだ一匹も譲渡できていないのだ。

推定三〜六歳。色味を見る限り、レモンビーグルと思われる。

菊池保健所出身であるため正攻法では譲渡不可能。ふれあい犬の枠はヨシコとチャタロウで埋まっている。年末のかき入れどき、頼みの綱の島田《しまだ》は、おそらく本業で大わらわだろう。

そうこうしているうちに処分の日の前日、年末最終日にあたる二十六日。翌日は玲が散歩当番。またしても「知人で犬をほしがっている人がいます」と偽り、午前中誰もいないときを見計らって犬房から引き出した。

大きな垂れ耳が特徴的なこのぶち犬を、玲はイヤーと名づけた。

年末年始の間、イヤーを実家に連れ帰る許可は得ることができたが、正式な譲渡先が定まっていないことは誰にも告げていない。

このとき玲の実家で飼っていた犬は三匹。老犬のビーグルと愛護センター出身のシュナウザー。そして、この年の五月に、本来ならば譲渡不可だが、菊池保健所から多田の了解のもと特別に譲渡が許された雑種。

愛犬フォルテを失ったばかりの両親は、これ以上家で犬を飼うのは反対だという。強引に引き出したはいいものの、玲は八方ふさがりだった。

全国規模で展開しているネット上のペット里親募集サイト「ペットのおうち」で、イヤーの近況を発信しつづけているが、年の瀬を迎えたこの季節、引き取り手はなかなか見つからない。

……焦っていた。時間の経過とともに、イヤーのほほにはしこりのような脂肪腫が現れ、眼球を圧迫している。野良犬から激しくかまれたことが原因かもしれないし、化膿している可能性も否定できない。玲は、かかりつけ獣医師がいる病院にイヤーを連れていくことにした。

心配していたフィラリア（犬糸状虫症）検査は陽性。毎月一度の服薬をさせながら経過観察することになった。二度目の検査では瘤《こぶ》になっている部位の細胞を切り取って病理検査にかけたところ、「ほほの腫れは腫瘍化している可能性が高く、悪性なら、すぐに摘出手術する必要がある」と宣告されてしまった。

年が明けてすぐ、知人から一本の連絡がよこされた。熊本市内でダイビングショップを経営している四十代男性が、イヤーの一時預かりに協力してくれるという。

善は急げだ。教えてもらった電話番号にかけてみると、相手は川浪《かわなみ》と名乗った。

「だいたいの事情はわかりました。うちのショップで預かるぶんには構いません。ただし外飼いの先住犬が二匹います。一緒にしても大丈夫ですか？」

玲は返事に詰まった。

イヤーの社会性についてだった。対人はまったく問題ないが、対犬は不透明。大丈夫だという確信にはいたっていない。少し考えてから玲は言った。

「おそらくは……。それよりも心配なのは、あの子は寂しがりやでよく吠えます。人が周りにいるときは吠えませんが、誰もいなくなると大きな声で啼《な》きます。人の気配がなくなって数分もすればあきらめて寝ちゃいますが……」

「なるほど。うちのショップは朝から晩までスタッフやお客さんが出入りするし、街道沿いだから車もたくさん通るし、多少吠えるくらいなら問題ないでしょう。かんだりはしますか？」

「かみつきはしないです。でも顔に怪我をしていて、正式に里親さんが見つかったら、ちゃんと治療してもらう必要があります。当分の間通院が必要ですが、それは私がやります。抗生物質を飲ませているので、ひどい下痢もしています。切れているだけかもしれないですが少し血便も出ています」

「わかりました。とにかく、しばらくは面倒見ますから明日にでも連れてきてください」

「ありがとうございます！　本当に助かります！」

思わず目頭が熱くなった。

次の日の夜間、イヤーを連れてダイビングショップに向かった。

ウッドデッキで囲われたリゾート風の建物が国道に面している。店の外は日帰りツアーから帰ってきた大勢のゲスト（客）がたむろしており、インストラクターは餅つきの準備に忙しい。

ダイビング器材を干すための鋼管が並ぶ背後には、鍵付きの犬小屋が二部屋。うずら撃ちなどに使われる鳥猟犬種、フランス原産のブリタニースパニエルという大型犬二匹が貫禄たっぷりに横たわっている。

川浪が現れた。ラガーマンのような分厚い胸板。ポロシャツの襟をきりりと立てている。

「どれどれ」

川浪に体全体をさすられながら、されるがままのイヤー。興味津々の面もちで集まってきたゲストにも頭をなでられ、すっかりご満悦の表情である。

——いい子にしててね。

心配げに見守る玲に向かい、破顔する川浪。

「さて、あいつらとも仲よくやれたら、相性のよいどちらかと一緒に住まわせようと思っているけど」

と言いながら犬小屋をちらりと見やった。

互いにどんな反応を示すのか、それがもっとも気になるところだ……。

管理センターで野良犬に襲われた経験がトラウマになって残っていないか。倍も大きさが違う二匹に向かって牙《きば》を剝いてしまえば、こてんぱんにされるだけではすまなくなる。

太いロープで繋がれた二匹が、犬小屋から巨体を躍らせながら寄ってきた。

「どうかな？　大丈夫かな？」

それまで悦に入っていたイヤーは、急接近してきた二匹の存在に気づいた瞬間、硬直。びびって腰が引け、しっぽが垂れ下がる。全身の毛を逆立たせ、野太い声で唸り出す。

「だめ！」

……玲は祈るような気持ちである。二匹は威圧的な視線をイヤーに向けた。さらに距離が近づいたとき、イヤーは体をひねって横腹をさらした。犬独特の挨拶である。二匹は鼻づらを寄せて、イヤーの尻の臭いを嗅いでいる。

「ほうら、大丈夫って言ったでしょ」

玲はほっと胸をなで下ろした。

若手のスタッフが古びた犬小屋を裏の倉庫から引っ張り出してきた。昔川浪が飼っていた小型犬が使っていた物だという。少々窮屈そうだが、イヤーはためらうことなく中へと収まっていき、しばらくすると大きな鼻提灯を膨らませ始めた。


それから二週間後。玲は川浪に厳しい事実を打ち明けなければならなくなった。

それを告げた瞬間、川浪は落胆の表情を見せた。

「ああ、せっかく助かったのに」

動物病院の見立てでは、イヤーの悪性腫瘍は拡大転移する可能性が高く、急ぎ外科手術をほどこす必要があるという。

手術代はボランティアから預かっているカンパから捻出《ねんしゅつ》する予定だが、再度の病理検査では、イヤーの腫瘍は目の縁ぎりぎりまで肥大しており、肥満細胞腫《ひまんさいぼうしゅ》（皮膚《ひふ》ガン）との結果。服薬の抗ガン剤治療によって腫瘍の範囲を小さくしてから、さらに根を深くえぐる摘出手術をする方針に切り替えるという。

犬のガンの進行状況を示すグレードは三段階ある。

もっとも深刻な……グレード3の場合、手術後の死亡までの期間の中央値（平均値）は約半年。つまり余命は半年。グレード1の場合、ガンによって病死する可能性は二十パーセント未満。

イヤーのガンはグレード2と判断された。つまり余命何年かは誰にもわからないということだ……。

玲の心は揺れに揺れた。

仮に、存命期間が短いグレード3だったならば、死を待つだけの犬を他人に預けっぱなしにはできない。グレード1としたならば、治療期間は相当長くなることが予想される。腰を据えた治療をつづけさせることはできるが、新たに里親が現れ、引き取ってくれる可能性は低い。

自問自答した末、このまま面倒を見つづけることは困難、との思いが込み上げた。

――かわいそうだけど、安楽死させたほうがいいのではないか？

低気圧が発達した影響を受け、この冬でもっとも寒い日となった手術の二日前。玲は忸怩《じくじ》たる思いを抱えて、川浪のダイビングショップを訪ねた。

凍《い》てつく寒風が容赦なく吹きつけている。犬小屋の中で小さく丸くなっているイヤーの吐く息も白い。抗ガン剤治療の効果だろうか、しこりは幾分小さくなっているようだ。

「イヤー、大丈夫だったですか？……」

川浪は微妙な表情を浮かべている。

「うーん。誰かが近くにいるときは落ち着いているけど、独りぼっちになるとやっぱり心細くなるのかね、激しく吠える。貧血もある。餌は食べているのに体重がみるみるうちに落ちていく。やっぱりガンが転移しているのかなあ……」

玲は、しょんぼりと横たわるイヤーを見つめながら、川浪に思い切ってこう打ち明けた。

「……今後どうするか迷っています。川浪さんにずっと預かって頂くのは申し訳ないですし、家に連れて帰ろうと思っていたのに、せっかく助けて頂いたのに、こんな中途半端な形になってしまって本当にごめんなさい」

「ふうん、で、この子はどうなるの?」

「……私の中では安楽死を選んであげたほうがいいと思って……」

「だめだよ。それじゃ元も子もない」

玲の言葉にかぶせるように川浪が言った。

「えっ」

「ぼくだって君と同じことを考えた。その選択肢も仕方ないかと。でも、ぼくだってこの子を一か月面倒見てきたから、君に負けないくらいの情を感じている。その決断はまだ時期尚早だ。なんにもならない」

……フォルテが死んだとき、安楽死を選ぶという考えは玲の選択肢にはなかった。一瞬思いはしたがすぐに打ち消した。一日でも長くフォルテに生きてもらいたかったからだ。

降り出した粉雪を見上げながら、川浪はつづけた。

「だから、ちゃんとした里親が現れるまで、このままぼくが預かるよ。それでいいだろ?」

「はい……」

玲はイヤーのうるんだ瞳に映る自分の姿を見つめた。目は心の鏡という。自然と涙があふれた。

「がんばろうか」

昏《くら》くなった天を仰ぐようにイヤーは一声吠えた。そして体を揺すりながら立ち上がった。

……川浪のところで闘病しながらしばらく過ごしたイヤーは、二〇一六年四月一日、大阪府に住む四十代の女性に引き取られていった。同年十二月二十九日に死亡。

かみついたビー

二〇一五年の三月。チャタロウとヨシコが、ペットの里親募集サイト「ペットのおうち」を介して譲渡されていった同じ月、唐突に事態は動き出した。

管理センターを拠点とした犬猫の譲渡会を推し進めるよう、県の危機管理課から通達がなされたのだ。

指定された六月の実施日まで一か月弱。譲渡会のスケジュールは、月一度の第三日曜を予定して行う運びとなり、動物愛護団体や個人ボランティアの受け入れについては新たに登録制が採用されることになった。

……さすがに内部の全容をさらすわけにはいかず、譲渡会用の犬猫は屋外に出した状態で繋ぐことになったが、いずれにせよ、管理センターとしては、第三者の監査に堪えうるなんらかの意識改革をせまられたわけである。

新年度にあたる四月に入ってからは、玲と京子の本採用が決まった。玲が主査、京子が副査。単年契約の雇用から、契約満了を気にしなくてもよいことになった。

通常業務に加え、譲渡会を広く一般に知らせる広報活動も行わなくてはならない。玲は多忙をきわめていた。

六月の半ば。多田を交えた三人で話し合った結果、責任の所在を明確にすることになった。仕事の役割を分担するという。

主査と副査の関係とはいえ、玲と京子には仕事量の差がありすぎた。それを見て取った多田流の〈配慮〉であったことは想像に難くない。

収容されている犬や猫、ふれあい犬の世話は玲。譲渡犬や譲渡猫の世話は京子。

多田は京子を見ながら念押しするように言った。

「思うに二人は、犬や猫を相手にすることで余計に険悪な状態におちいっている気がする。この仕事をつづけていくうえでは最低限仲よくしなくちゃいけない。……適材適所を与えてそれでもだめと言うのなら、もう譲渡犬も譲渡猫も残さない。辞めてくれてもいい」

……京子にもっと緊張感を持って働いて欲しいという多田の願いもむなしく、結果的にこの〈配慮〉が、彼女にとって「今の自分の仕事以外は手を出さなくていい」という免罪符を与えることになった。


有明《ありあけ》保健所から入ってきた若いビーグルの雄。ストレスを溜めているに違いない。四六時中すさまじい剣幕で吠えまくっている。

しかし人には馴れている。あどけない表情も可愛らしく、表向きの健康状態も問題なさそう。玲は初の譲渡会に向けてこの犬を残してみたいと思った。

殺処分開始の時間がせまっていたため、この年の四月から運用されている「熊本県犬・猫譲渡要領」内「成犬譲渡候補犬の適性評価基準」にのっとりながら、急いで多田も含めた三人で判定テスト（譲渡性を見きわめるための性質診断）を行う。

収容もしくは引き取り後の三日目を原則に、専門員の獣医師を含めた二人以上で行う一次適性評価の基準は、警戒心の強さや凶暴性のほか、健康面を中心に調べていく。

骨の異常（骨折・脱臼《だっきゅう》・先天性異常）の有無。著しい削痩《さくそう》（痩《や》せて骨皮の状態）、起立困難、歩行困難の有無。皮膚炎、脱毛等の有無。伝染性疾患が疑われる目の症状（目やに、流涙《りゅうるい》）の有無。眼球の異常（白濁、混濁、先天性疾患）の有無。寄生虫が疑われる著しい汚れの有無。伝染性疾患が疑われる鼻の症状（鼻汁、くしゃみ）の有無。肛門周辺が汚れていないか（下痢、血便、脱肛《だっこう》等がない）確認、など。

これらのテストで合格と判断された犬は、引きつづき二次適性評価に移る。多田は外出する予定があるというので、京子と二人で行った。

社交性（リードをもち立ったまま犬の背中を三度なでる。二十秒間、犬の気を引きながら触る。膝の上に乗せる）、人に対する許容性（歯を見る、背後から抱きしめる、前足をもって立たせる）、食物防御反応（食事中に話しかける、背中に触る、ほほを押す）、興奮性（おもちゃで遊ばせる。走る人への反応を見る。おもちゃで遊んでいるとき声をかける）、人に対する警戒反応（わざと敵対的態度で接近する、友好的態度で接近する、ほかの犬への反応）などのチェック。

マークシートの記入用紙のすべての項目に印をつけていき、規定の点数に達すれば合格。

……このビーグルは合格。多田には口頭で事後報告した。唯一の気がかりは、体の随所にかさぶたがあること。おそらく猟犬として飼われていた犬だろうと玲は推測した。

「下痢はしているみたいだけど、様子見で残しておきませんか」

と京子に言うと、

「大丈夫？　お尻が……」

彼女が異を唱えたところは、肛門の下部が大きく腫《は》れていること。譲渡犬担当としては残したくない、と暗に語っているのだ。

玲は、それだけの理由で処分対象に戻してしまうのは忍びないと京子に訴えた。が、「今はバタバタして忙しいから、私には面倒見られない」と言いながら、その場から立ち去ろうとする。

「一週間だけ考える時間をください。私が面倒見ますから」

必死に食い下がる玲の言葉に京子は渋々うなずいた。

平日の遅番の夜。玲はいつもの動物病院にビーグルを連れて行った。「かさぶたはイノシシにかまれた痕《あと》だろう。まったく問題ない」と獣医師はいう。

京子が指摘した肛門下の大きな腫れに関しても「ああ、このくらいなら普通の範囲で問題なし。とりあえず下痢がひどいので薬で直しましょう」と玲の心配をよそにそう診断を下した。

安堵《あんど》した玲は、ビーグルを自宅に連れ帰り、処方された薬を与えた。翌朝には再び管理センターの個室に戻されたビーグルはすっかり元気を取り戻し、食欲も旺盛である。

玲からビーと名づけられたこのビーグル、翌週には譲渡対象として京子の手にゆだねられた。

数日後、事件が起きた。

京子の腕をかんだ理由で、ビーは個室から引きずり出され、咬傷《こうしょう》犬室に隔離されてしまったのだ。

玲がほかの犬を散歩させている最中に起きたできごとである。

異変に気づき、事務室に戻ると、顔面蒼白になっている京子が多田から包帯を巻かれている。ビーを個室から出そうとしたとき、いきなり外に飛び出そうとしたので、逃げられたらまずいととっさに体の肉をつかんだ瞬間、強い力でかまれたと、自分の正当性を主張した。


犬が人間を攻撃するパターンはある程度決まっている。

身の危険を感じてかむ。単に怖がってかむ。

ビーはおそらく触られたくない箇所を京子に突然つままれ、本能に基づく防御反応……反射的に歯を立ててしまったのではないか。そのときの状況がどうあれ、犬を扱う者としては、明らかなミスである。

過去、この手の偶発的な咬傷事故について、県の職員を交えた全員で話し合いの場をもったことがある。多田が、「所内の人間をかんだ犬はどうするべきですか?」と質問した際、「かんだことが一度でもあれば処分すべき」というのが県の見解であった。

咬傷犬室に閉じ込められたビーは、相変わらず邪気のない表情を浮かべている。玲の姿を見るや、しっぽを千切《ちぎ》れんばかりに振り回し、腹ばいにフセをしてみせたり、仰向けに腹をさらす服従のポーズをしながら必死に興味を引こうとしてみせる。

――なんとかできないものか。

腕の治療を終えて病院から帰ってきた京子は、「縫うほどの傷ではない」と言いながらも、「片手が使えないから午後は帰宅させてほしい」と、身振りを交えながら訴える。

玲は納得がいかない。だから正直に言った。

「京子さん、ご自身の不始末はご自身でケリをつけてくださいね」

「え？　不始末ってなんのことですか？」

京子が微かに口をゆがめたのを玲は素早く見てとった。

翌日から京子は一週間の休みをとった。ことのしだいを知ってか知らずか、技術員たちはビーには手出ししなかった。

ビーを咬傷犬室から出してやり、中庭でボール遊びをさせているときだった。ボールを投げると口でくわえて戻ってくる「モッテコイ」も数日でマスターしているビーを見ながら煙草を吸っていた多田が、なにげなく声をかけてきた。

「その犬いいねえ、ふれあい方教室にどうだね。頭もよさそうだし、見た目もきれいだし、おまけに垂れ耳だし」

「所長、この子は京子さんをかんだ犬ですよ」

「え？　これがかね？」

玲は思い切って言った。

「所長。この子は悪くありません。今、ふれあい方教室に残しているビーグルのジャックと雑種のシロは中型犬で立ち耳だから、もう一匹ほしいっておっしゃいましたよね？　この子、しばらく残しておいてもいいでしょうか。様子見でも構いません。お願いします」

多田の顔は急に曇った。難しい顔でこう言った。

「犬とは本来かむ生物であって、それをいかに引き起こさせないために自分たちはどうあるべきか。繰り返しそれを相川くんにも伝えたんだがね……。どうも響かないんだよね」

ビーが収容されてから二週間が経ち、連休が終わったと同時に京子が復帰してきた。この週の木曜は宇城《うき》保健所からの回収を待って夕方に殺処分が行われる予定になっている。

その時間が刻々とせまっている。玲は技術員に、「ちょっとだけ遊ばせていいですか」と断りを入れ、ビーを咬傷犬室から出し、中庭に連れて行った。残り少ない数十分、ビーは夢中でボールを追いかけた。

開始直前、再び咬傷犬室に入れた。そのままじっと京子がくるのを待った。

玲は彼女に職責を全《まっと》うしてほしかった。

ところが、ぎりぎり寸前に飛び込んできた京子はその素振りすらない。ついに玲は言いたくないことを口にした。

「あとはご自身で入れてください」

京子はむっつりと押し黙ったまま身じろぎもしない。

犬房の中は、宇城保健所から入ってきたばかりの犬でごった返している。技術員がやってきたタイミングに合わせるように、ようやく重い腰を上げた京子は、無言のままビーを犬房に押し入れ、ほかに優先したい仕事があると言い残し、空になっている隣の犬房清掃を始めた。ほどなくして殺処分が開始された。終わりかけの頃、ようやく京子が処分機の前にやってきて、大きな溜息を吐きながら腰を下ろした。その他人事のような態度を見ながら、血の気が引いていくのが自分でもわかった。

……できれば真っ白にして京子との関係を一からやり直したい。

――ちゃんと話そう。

何度そう思ったか。しかし……もう無理だった。価値観が根本的に食い違っていた。愛護センターにいたときには、京子と二人で、他県の愛護センターの勉強会に行ったことがある。その頃、プライベートのつきあいでは、和美以上に共鳴していたはずだ。

自分と同じ情熱を求めちゃいけない。

受け身でも中立でも構わない。どこかの〈線〉で割り切ってくれてもいい。だけど……。目の前で無慈悲に殺される生命に対して、なめきった態度だけはどうしても許せない。

誰もいなくなった犬房。玲は壁を叩きながら思い切り泣いた。

ドクターストップ

五月の中旬。

夕刻。個室には譲渡会用に残しているプードルが一匹。爪は伸び放題。両目は隠れて見えないほど毛むくじゃら。あらゆる個所がコールタール状に固まっている。

驚いた多田が、「この状態では人前に出せない。きれいにしてから様子を見よう」と半ばあきれ顔で言った。

トリミング技術を習得しているのは玲だけ。京子がやるべき仕事だが、玲がハサミを入れることになった。手強い剛毛のかたまりと悪戦苦闘している最中、思わず口が滑った。

「今、手が離せないので、ちょっと犬の面倒をみてくれませんか」

と頼んだ刹那《せつな》、

「なんで私が小嶋さんの仕事を手伝わなきゃいけないんですか？」

と、やけに挑発的な言葉が返されてきた。

「適材適所で臨機応変にやってくれと所長も言われたじゃないですか。お願いします」

「いやです」

淀みない京子の返事に頭がくらくらした。それでも努めて冷静さを装って言った。

「……なら、京子さんがこのプードルのお世話しますか？」

「しません。私は最初からその犬は残さなくてもいいと思っていたから」

「……本気ですか？　本気でそう思っているんですか？」

「さあ、どうでしょ」

京子の口元には冷ややかな笑みが浮かんでいる。

それから数時間後、不意打ちのように京子から声をかけてきた。

「ボール知りませんか？」

「え、知らないです」

犬を遊ばせるためのゴムボールだ。どこを探しても見当たらないという。

「私知らないですよ」

さらにしばらく経って。硬い表情の京子が再び、「ボール知りませんか？」と言ってきた。

そして疑いを帯びた目が玲に向けられた。

「さっきも聞かれましたよね。私は知りません」

京子は口をへの字に曲げている。玲の中のストッパーが外れた。

「私を疑っているんですか？」

「はい、もう疑うことしかできません」

そこまで言われた以上、もう引き下がれない。

「人を疑うより先に自分を疑ったほうがいいんじゃないですか」

昂《たか》ぶった京子が色をなして反撃してくる。

結局そのボールは中庭の隅に転がっていた。京子からの釈明はない。それでも歯を食いしばって自分のなすべき仕事をつづけていたところ、しゃあしゃあと声をかけてきた。

「小嶋さん」

「なんですか?」

「前に書いてくれた引き継ぎの紙、なくしました」

突然なにを言い出すのか、いささか面食らったが……すぐに思い出した。収容中の犬の健康状態について、京子のために書き記しておいた備忘のメモ書きである。

その日の夕刻。犬の散歩から帰ってきた玲は、ゴミ箱の中から無数の紙くずを見つけた。びりびりに裂かれている。

明らかに故意であった。

どうしようもない混乱が駆けめぐった。……激しい息切れと動悸に襲われ、地面にへたりこんだ玲がはじめて味わう墜落感覚。体の内面からばらばらに壊れていくような……。

『……本当に自分でも情けないです。絶望する理由が子どもじみているのはわかっています。その日は病院に行くため早退させてもらいました。精神的柱だった和美ちゃんがいなくなってから、職場に行くたびに心臓がどきどきしてくるのが自分でもわかっていましたが、どうしてそうなるのか原因がつかめなかったんです。

　精神科や心療内科を受診しようなんて、はじめてだったのですが、もう手当たりしだいに電話して、ようやく心療内科のある病院に辿り着きました。でも初診では当日受付してもらえなくて、それから、さらに電話で二件あたって、予約待ちがないほうの病院に行きました。診断の結果、先生から適応障害（心の病気の一種）と告げられ、職場を休みなさいと言われました。

　くやしい気持ちもさることながら、犬や猫に対して申し訳ない気持ちでいっぱいでした。でも、どうあがいても私にとっては限界でした。それでお休みを頂くことにしました』

ドクターストップで職場を離れた玲は、診断結果とともに多田に退職願を提出した。

思い留まるならば、現在の役職を主査から一つ上位の班長に昇格して、給料を上げてもらえるよう本社に頼んでみる、と慰留してくれたが固辞した。

二人で話し合った末、しばらくは今後のことを考える猶予期間として、無期限の休職扱いとなった。

当時の状況を島田はこう回想する。

『玲ちゃんが京子さんとのことで悩んでいるとき、兄弟犬の六匹が管理センターに入ってきました。「たくさんトイプードルが入ってきました」と彼女から連絡があって、すぐに向かいました。

私が到着したとき、すでに三匹が死んでいました。生きている三匹も直視できないくらいひどい状態。がりがりに痩せている一匹は、生きられたとしても二、三日だろうと思い、せめて落ち着いた場所で死なせてあげたいと思いました。「この三匹を今すぐ家に連れて帰ることはできる。どうする?」と聞くと、彼女は少し考えてから、「わかりました。死んだことにします」と言ってくれたので、檻から引き出して車に乗せました。

二匹はなんとか里親さんが見つかり、すぐに死ぬだろうと思っていた子も奇跡的に生き長らえました。でも、肝心の里親さんがなかなか見つからず、私が預かってから約九か月後、玲ちゃんに引き取ってもらいました。ティーバと名づけたそうです。

……今思い起こせば、彼女を精神的に追い込む結果になってしまったことを悔やんでいます。犬や猫が特別好きとか、一匹でも助けたいと思う気持ちが強ければ強いほど、あの職場にいることはあまりにも酷ですから。これが私と彼女の最後の〈秘密〉になりました。

昨今、ネグレクト(飼育放棄)による犬猫虐待が取り沙汰されています。管理センターの中に玲ちゃんや和美ちゃんのような熱意のある人がいなくなってしまったら、私のような個人ボランティアは宙ぶらりんになってしまう。殺処分ゼロは目標ではなく、あくまで結果であるべきで、管理センターからむりやりにでも引き出せばゼロに近づくという考えは幻想だと気づいたんです。だったら別の方向に進まなければ、と思いました。

もちろん明日殺されるかもしれない子たちを一匹ずつ引き出してあげる地道な活動は大事です。やりがいも達成感もあります。でも、それだけを心の拠り所にしていてはいけないと悟ったとき、私の足は少しずつ管理センターから遠のいていきました』

初の譲渡会

六月二十一日の日曜。管理センターで第一回目の譲渡会が開催された。

休職中の身であった玲だが、せめてこの日だけはきてほしい、という多田の求めに応じ、裏方として参加した。

この日の流れは、まず狂犬病についての基礎知識や犬に対する理解を深めてもらうための講習会。次に、法令関係や適切な飼育管理、人と動物の共通感染症、新しい環境への受け入れかたの注意点など、約四十分をかけて京子が説明。引きつづいてふれあい方教室、犬と猫それぞれ二十分にわたっての講義は外部のボランティアが担当した。そして最後は譲渡会。

譲渡犬として用意された犬は、若いイングリッシュセッターとトイプードル二匹。事前予約で受けつけた定員は二十人。昔管理人が寝泊まりしていた敷地内の木造家屋の一室で行われた講習会に集まったのは、保健所職員が五人、動物愛護団体から派遣された登録ボランティア十人。

一般の参加者は三家族。管理センターに予約の電話をした際、締め切り日をすぎていることから断られた家族は、あとでそれを知った玲が多田に進言して、急遽《きゅうきょ》参加が認められた。

そのほか、ボランティア伝いに老犬のトイプードルを引き取る約束を事前に交わしていた一家族。この日は所用があって午前中の譲渡講習会に参加できないことから、仲介した動物愛護団体が代理で受講することになっている。

この一家族は、いわゆる仕込み、であった。

トイプードルを道で拾ったある人が、その足で警察署に届け出たところ、「迷い犬を遺失物として扱われると手続きが面倒になるので、保健所に行ってほしい」と言われてしまった。自宅では飼えない事情を抱えていたその人は、思いあぐねた末、警察の助言に従って最寄りの菊池保健所に届けることにした。老犬とはいえ人気種のプードル。人慣れもしている。不憫《ふびん》に思ったその人は、保健所に引き渡した後もみずから里親探しをつづけ、自力で里親希望者を探し出すことに成功した。すぐさま保健所にトイプードルの現状を問い合わせてみたところ、すでに不要犬として管理センターに送ったとのことだった。

一方の玲。菊池保健所から収容されてきた老犬のトイプードルを一目見て、譲渡の可能性があると直感。念のため個室に引いておいた。それを目ざとく見つけた技術員らは、「菊池保健所からは同時にたくさんの犬が収容されているから、面倒なことは避けたい」と反対。

割って入った多田が一計を案じた。

「だったら、そのトイプードルは譲渡会の日にもらわれることにしましょう」

すでに里親希望者の目処《めど》は立っているという。トイプードルを最初に発見した人から、引き取りたい旨の連絡がすでに管理センターに届けられており、ちょうど一回目となる譲渡会とタイミングが合致することから、当日参加してくれればその場で譲渡する、との事前約束を相対《あいたい》で取り交わしていたのだ。

犬の立場を考えれば、一分一秒でも早く外の世界に出してやりたいのは山々だが、譲渡会当日の譲渡匹数という数としての結果を増やしたい人間側の事情が優先された。

ところが予期せぬ展開が。譲渡会の一週間前、パルボウイルス感染症と見られる症状の子犬が犬房で発見されたのだ。突然真っ黒な血便を流しながら命を落としたのである。

トイプードルは、その子犬と二日間ほど接触期間があった。

パルボウイルスは非常に強いウィルスで、三か月～一年は潜伏しつづけるといわれている。

感染直後は下痢の症状が出るのが典型例で、成犬の場合は回復することもあるにはあるが、抵抗力の弱い子犬や子猫がかかってしまえば危険だ。発症して五日ほどで激しい嘔吐や血便に襲われ、多くは七日以内に衰弱死する。

パルボウイルス発生が判明した時点で全頭検査し、症状が怪しいと疑われる犬は大至急隔離する必要がある。食器類は一つひとつ消毒し直し、犬舎全体を数回に分け、徹底的に塩素系消毒剤を散布、洗浄しなければならない。犬房の柵がサビだらけになっているのは、過去にそうした消毒や洗浄を幾度も行ったためだ。

……このときは運よく経過観察という判断がなされ、処遇が保留にされたトイプードル。後日陰性が判明し、今回の譲渡会ではつつがなく里親希望者に引き渡される運びとなった。

この日、譲渡されたのはこのトイプードル一匹のみ。数としての結果は、当初の予想を大きく下回るものになった。

いつも「最後」

その後の玲は、臨床心理士のすすめに従い、精神治療（心理療法）を目的とする「復職支援プログラム」を週に三度、専門のクリニックで受けつづけていた。

カウンセラーに現在の体調を報告したのち、今の自分を客観視するための作文を書いたり、簡単な調理実習もあったが、主には対人のコミュニケーションにおけるセルフコントロール（自己調整能力）を高めていくカリキュラム。

周囲の多くは三十半ば～五十代の働き盛りの男性。うつや落ち込み、不安障害、パニック障害、社交不安症によるストレス、ひきこもりなど、様々な認知の歪み（心の癖《へき》）をそれぞれ抱えていた。

かたや玲は、自分の内なる部分を客観視することはできていた。解決の糸口さえ見つかれば、納得いかないことがあっても我慢できる。そんな期待がまだあった。少なくとも、管理センターに戻る可能性とタイミングを模索してはいた。

二か月ほど経った頃、多田から電話があった。

「そろそろどう？」

君の処遇を検討するため近況を把握したい、と多田はおもむろに言った。

体調うんぬんよりも心の準備がまだ整わない。その証拠に、職場の現状を聞いたとたん、手がぶるぶると震えるほど緊張し、心臓が早鐘を打ち始めるのだ。

「いや、まだ難しそうです」

「今の状況を詳しく知りたいから、直接病院に電話かけていいかな？」

現場の管理監督者として、玲の心身に負荷がかかった理由について専門家の見解を訊きたいという。

「構いません」率直にそう答えた。

病院に可否を尋ねると、「患者さん本人が立ち会うなら詳しくお答えします」という。そこで多田と一緒にクリニックに赴くことになった。

臨床心理士からは認知行動療法についての説明がなされ、適応障害への理解は得ることはできた、と多田。

肩を並べて歩く帰り道。まるで腫れ物に触るように、

「これからぼくはどうすればいいですかね？　あなたに対してなにをしてあげられますかね？」

と多田は、今までいかに京子と玲の関係修復に心を砕いてきたかをとつとつと語った。それを聞きながら、この世界は変わらないのだなと思うと、心が冷えた。慰めや同情はいらなかった。改めて玲は辞意を伝えた。退社日は八月三十一日と決まった。

八月二十二日。土曜。夕方五時。

この日、一人で施設内に立ち入ることは、あらかじめ多田に伝えている。

事務室に残っていた私物を自家用車に運び入れ、最後に大きく深呼吸してから犬房に向かった。

がらんどうの空間。

個室からじっと視線を送っているのは、ジャックと呼んでいた雑種で五歳前後の雄。玲が譲渡犬として残した。

「お前、まだいたのね」頭をなでてやると、ジャックは喉を鳴らして甘えた。

——いい子。

ここでは常に「最後」の二文字がつきまとう。

最後の夜。最後の朝。最後のごはん。最後のお水……。

改めて振り返る。専門員に求められた仕事とは一体なんだったのか？

人間にもてあそばれた愛玩動物の痛みや苦しみに正面から向き合い、死の直前まで世話をする。

そして最後を看取り、悼《いた》む。

きっと、それだけだ。

深呼吸してから、玲は立ちあがった。

ジャックに別れを告げ、裏口の扉を開け閉めする鍵をポストに入れ、静かに門扉を閉めた。

大きな煙突と小さな煙突の向こうには、なにひとつ遮《さえぎ》るものがない世界が黄昏《たそがれ》の光を浴びている。

ひび割れそうな感情を払い落とし、飛び出すように車を走らせた。二年間通いつづけた茨《いばら》の道をぽんぽんと跳ねながら、たまらず涙がこぼれ落ちた。

のぞみ

二〇一五年の暮れ。

昼どき。東京の神楽坂《かぐらざか》にある小さな喫茶店で、ぼくは玲と久しぶりに再会した。

以前よりもずいぶん髪が長くなり、はつらつとしている。翌年の七月には、ガスボンベの交換事業をしている地元の民間企業で働く一つ上の男性と結婚する予定だという。

数時間前、渋谷のセンター街にある有名なペットショップを覗いてきました、と声をはずませながら玲は言う。

「さすが都会だけあって、熊本とは雰囲気がぜんぜん違いますね。ショーケースの中がびっくりするほどきれいで、ロボット掃除機でもいるのかしらと思ったほどです。私が行った時間に限ってかもしれないですが、ペットシーツにはうんちやおしっこのシミすら残ってなかったですし、トイレも設置していませんでした。スタッフさんは二十代前半の女の子。お店の中は親子連れよりも若いカップルや外国人の方が多かったですね。

どんなからくりがあって、ショーケースの中があそこまできれいなのかはわからないですが、子犬や子猫は足元に敷かれているマットをつかみながら反復動作をひたすら繰り返していて、転位《てんい》行動（ストレス解消）だろうなって思いました。

子犬や子猫ってエネルギーのかたまりじゃないですか。お客さんがいないときには、スタッフさんが遊んであげているでしょうが、おそらく長時間入れっぱなしだろうな、とは見ていて思いました。裏の部分については、直接見ていないので評価できないですけど、もし人との接点が少ないまま、あの狭い環境に長い時間置いておくのなら、動物の成長や健康面でよくはありません。

……都会だから純血種で値段の高い子犬や子猫ばかり売っているんだろうな、と思っていました。でも、店内のプライスカードを見たら、ほとんどが十万円前後。若い子が集まる渋谷だからですかね。でも、これからあそこで買おうと思っている人は、しっかり自分の考えをまとめてから決めてほしい。そこでだいぶ殺処分数が違ってくると思います」

今回玲が上京した理由は、年に一度開催されている「ＪＡＨＡ《ジャハ》」（公益社団法人日本動物病院協会）の講座を受講するためだ。

家庭犬のしつけやトレーニング方法を、一般向けに正しく教えることができるインストラクター。その目標に向かい勉強中だという彼女。

玲は、ＪＡＨＡ認定の養成コースを受講するにあたっての抱負をこう語った。

「管理センターにいたとき、ひしひしと感じたんです。中途半端な立場や考えでは、保健所の獣医師さんや技術員さんにどんなに改善策を訴えても通じない。私の力不足のせいなのですが、誰も耳を傾けてくれません。もっと動物に関する深い知識を身につけていて自分の行動が伴っていれば、状況は少し変化していたかもしれない、と反省の意味も含めて始めたことです。

犬のしつけかたに関しては色々な考えがあります。プロの訓練士さんから見ると、ＪＡＨＡの指導は生ぬるいという考えをもつ方もいます。でも私は人間のために動物を動かす訓練ではなく、あくまでも陽性強化……人と犬の絆の観点から、個々の特性にあわせてよい部分を伸ばしていくしつけをめざしたい。家庭犬全般に対し、動物の行動学にのっとったしつけをマスターしたいんです。

飼養《しよう》動物の幸福な暮らしを実現するための具体的な方策をエンリッチメントと呼ぶんですが、犬の生活の質というか、生きる楽しみというか、充実した犬生《けんせい》を送らせてあげるために、飼い主側はどうあるべきか。

事実として、愛護センターや管理センターに送られてくる子の多くは問題行動を起こした家庭犬です。私はそこに重点を置きたいんです」

彼女がＪＡＨＡの指導にはじめて触れたのは、愛護センター勤務時代に遡《さかのぼ》る。動物愛護センターでは年に一度、外部講師を招いて、職員対象のハンドリング講座が行われていた。チョークチェーンでショック（強い衝撃）を与えながら犬との主従関係を築こうとする、昔ながらのやりかたを唱える外部講師に対し、玲は少なからず抵抗感を覚えた。そんな折に耳にしたのが、ＪＡＨＡの教えだった。「本来人と犬には縦社会は存在しない」とのポリシーは、驚くほどすっと腑《ふ》に落ちたという。

現在、熊本市には三人の「家庭犬しつけインストラクター」の資格をもつインストラクターがいる。うち玲が個人的に指導を受けている一人の女性によると、インストラクター試験に合格（修了）するまで十年を要したそうだ。

十年！　あぜんとしているぼくを尻目に、玲は嬉々としながら次なるステップに向けて語る。

「ベーシックコースの講座が終わってからは、本格的なインストラクター養成コースに入るんですが、実技ごとに行われる検定試験は落ちて当たり前、と言われるほど狭い門なんです。三回のキャンプ実習があるんですね。成犬対象のキャンプ、子犬対象のキャンプ、それから自分が飼っている犬での犬連れキャンプ。この全課題をクリアするほかに、ディスカッション形式のビデオ検討会の試験もクリアしないといけません」

犬連れキャンプの実技には、愛犬ユズを連れて行く予定とのこと。

雌で雑種のユズは、管理センターにヨシコとチャタロウがいた時分、菊池保健所から入ってきた。収容されてすぐの犬は、檻の奥でおびえて震えているのが常だが、ユズは違った。餌やりをしている玲に、ぴたっと寄り添い、歩いても歩いてもついてくる。歩を止めると、ちょこんと腰を下ろす。試しに片手を差し出すと、待ってましたとばかりにオテをする。とびぬけて馴致《じゅんち》能力が高い。

残してあげたいと思ったが、ふれあい犬の枠がすでに埋まっている。母親に同意を得たあと、自分の家で引き取ることにした。腹部の膨らみが気になったので、週末に動物病院に連れて行くと、案の定、妊娠している。その場で堕胎手術。親子を一緒に飼いきる自信はなかった。

——年に一度の最終的な認定試験までにかかる受講料は、最低でも総額約七十万円。試験に合格しても就職等の斡旋《あっせん》はされないにもかかわらず、ＪＡＨＡの認定資格を取得したい理由はなにか。しつこいようだが再度それを問うた。

「犬の社会的地位を今より上げたいんです。それには犬が人間社会に認められる基盤……文化が根底になくてはなりません。

人と犬が良好な環境を築くために、飼い主さんが周囲に気を配ることができて、マナーやルールが徹底されていれば、犬ぎらいの人もしだいに減ってくるだろうし、ペットショップで安易に買う人も減ってくると思うんです。

一つひとつの命を拾っていく活動はとっても重要です。けど、本当はそこからが始まりなんです。やっぱりマナー、その価値観の底上げ役を私は果たしたい。人と犬が安心して共存できる環境を築くことが殺処分の数を減らすことに繋がると私は信じています」

和美は愛護センターに復帰して早三年目。彼女と同じように愛護センターに戻りたい気持ちはあるかと問うてみると、玲は、「チャンスがあれば再チャレンジしたいです」と、少しはにかみながら言った。

午後一時半。これから講座を受講する会場がある四ツ谷駅周辺まで歩いて行くという玲は、こう言った。

「犬を引き取ってほしいと愛護センターを訪れる人に対して、和美ちゃんはこう言うそうです。『私は以前管理センターで働いていて、処分されている場面を何度も見ています。けっして安楽死ではありません。とても苦しみます。それでもいいですか？』

すると、びっくりして考え方を変えてくれる人が結構いるそうです。

愛護センターでは、実際の殺処分を経験しているベテラン職員さんが定年を迎えて辞められていますから、和美ちゃんは自分の個人的体験を率先して若い子に話すんだそうです。見ると聞くのとではぜんぜん違うよって。

……私たちが管理センターに残せた実績はほとんどありません。でも、和美ちゃんや私が短期間でもいたことで、所長や県の方がなんらかの影響を受けてくださって、今後の譲渡活動に繋がる道筋はできたんじゃないかな、という自負はあります。

……処分される子をたくさん見てきたからこそ、これからもっとがんばらなきゃっていう気持ちがあるんです。当時はいろんなことを抱えこみすぎてずいぶん苦しい思いをしてきましたが、あそこにいたことで誰にもできない貴重な経験ができました。これから自分のめざす方向性が見えました。ですから後悔はしていません」

……そう、彼女たちが看取ってきた多くの犬猫の死は、すべて肥やしとなって吸収されていったのだ。

せめて、そう思いたい。

玲は、駅方向に向かう坂道を小走りで駆けていく。

ゆっくりと人混みに溶けていく。

エピローグ——熊本地震の裏でなにが起きていたか？

地震発生

二〇一六年四月十四日夜、熊本地方を中心としてマグニチュード六・五（暫定値）を記録する地震が発生。熊本地震の前震（予震）だった。

このとき玲《あきら》は、日中のアルバイトをしている市内の動物病院から車で移動して、夜間のアルバイト先、菊陽町《きくようまち》の居酒屋にいた。

熊本市中心部では地鳴りとともに突き上げるような強烈な縦揺れに襲われたとの証言があるが、この一帯は激しい横揺れに見舞われた。棚からは食器やボトル類がなだれ落ちるなどの被害があったが、幸い怪我人は出なかった。

すぐに店外に出て、数人の客とともに駐車場で待機。十分くらいしてから店長から帰宅指示が出された。車で帰ったところ、西区《にしく》にある自宅のアパート周辺では、家から出てきた住人らが路上にぼうぜんと座り込んでいる。その中に混じってユズ（菊池保健所出身の雑種）とティーバ（地震の三日前に島田から引き取ったトイプードル）を両手に抱きかかえた夫が立ちすくんでいる……。

部屋の中に入ると、戸棚から滑り落ちた食器類が散乱し、足の踏み場もない。しばらくは電気が通っていたが、やがて途切れた。ガスも水道も使えなくなった。風呂に入れない状態はこれから五日つづく。

素早く荷物をまとめた玲は、数日分の食糧や飲料水を買い込むため近くのコンビニエンスストアへ。そのまま駐車場に車を停め、不安な一夜を明かした。

それから二十八時間後の十六日未明に起きた、同じく熊本地方を中心とするマグニチュード七・三の本震（暫定値）。

複数回の激しい揺れをまともに受けて倒壊した建物の下敷きになった圧死、混乱の最中に土砂崩れなどに巻き込まれた犠牲者は、熊本県内で五十人（直接死）、関連死を含めると百六十余人にも上った（二〇一六年十二月、内閣府まとめ）。

凍《い》てつく寒さとなった翌朝、玲は「グランメッセ」（熊本産業展示場）に避難している高校時代の友人と合流。広大な駐車場にはおびただしい数の車列ができた。一様に厳しい表情を浮かべた人々は南の方角に向かって歩いていく。その先の益《ま》城《しき》町《ちょう》立《りつ》広安《ひろやす》西《にし》小学校に、支援物資が届いているとの情報が流れていたためだ。玲たちもそれに続いた。小学校に到着したとき、トイレは長蛇の列。仮設テントの前では支援物資をめぐる壮絶な奪い合いが始まっている。

そこで出会った犬連れの人々と情報交換しているうち、益城の避難所（益城町総合体育館）ではペットフードが不足しているとの情報を伝え聞いた。

こんなこともあろうかと、車のトランクには三か月分のドッグフードを積め込んでいる。……益城町役場まで車を走らせた。十四日の前震で震度七を記録した震源地の同町は、十六日の本震によって多くの家々が倒壊。壊滅的な被害を受けていた。

国内最大級の活断層型地震と言われる熊本地震の特徴の一つとして、地域ごとの被災状況に大きな開きがあった。

和美《かずみ》の住む菊陽町では震度五弱を記録していたが、家の中の食器棚が多少崩れただけで生活面ではあまり影響がなかったというし、玲の自宅周辺では、それこそ道一本隔てただけで被害状況は恐ろしいまでに違った。

……続々と寄りかたまる避難住民。大混乱の只中にある益城町役場は完全にパニック。ドッグフードの提供を申し出たが、係の者からは、「今はペットどころではありません！　人が最優先です！」と、けんもほろろにはねつけられてしまった。

玲がアパートに戻れたのは一週間後。

昼のアルバイト先である動物病院は、被災した影響で建物の一部が激しく損壊、営業続行が不可能になった。

大混乱の収容業務

十四日の前震被災の直後。管理センターに目立った被害はなかった。

だが時間の経過とともに問題が発生する。

保健所に運ばれてくる犬猫が一気に急増したのである。

引き取る側としては、地震発生の影響によって飼い主の元に帰れなくなった迷子なのか、それとも安否不明の飼い主が飼っていたペットなのか、そうではなく不要犬や不要猫なのか。その判別がつかない。

事態を重く見た全国の動物愛護団体から、管理センターに対して心配の声が数多く寄せられた。皮肉にもそれで、殺処分施設としての負の側面がクローズアップされることになる。

震災後の対応にてんやわんやの熊本県は、緊急避難的な特別措置を設けることで事態の打開を図った。震災発生時にすでに保健所に収容されている犬猫、それ以降に収容した犬猫については〈被災ペット〉とし、管理センターでの殺処分業務を停止するよう受託会社に指示したのだ。これによって四月十五日から業務が停止する。

と同時に、それまで県（保健所）が行ってきた「収容業務」は、「保護業務」と呼称変更。

迷子動物（被災ペット）として扱う犬とそうでない犬を、ある一定数まで保健所内で分別し、迷子動物と思われる犬については処分保留……元の飼い主を探していくスタンスをとった。なお、猫は、持ち込み以外は引き取らない原則を続行。

これにより各保健所の収容場所はパンク。次々と犬や猫が保護されてきては管理センターへと押し出していく……という作業に各保健所は追われた。中には野良犬や、ノイヌらしき犬も多数混じっており、闘犬種もいた。

今までのように、ルーティンで殺処分することはできない。溜まっていく一方である……。出口がない受け皿と化した管理センターの「収容」施設は、連日運ばれてくる犬猫であふれ返り、大混乱になった。

掃除や片づけが追いつかない犬房。長時間ほったらかしの排泄物にはウジ虫やハエが大量発生。劣悪な衛生環境におちいった。

後手後手のこの状況を見るに見かねた県認定の登録動物愛護団体が半ば強引に踏み込み、救いの手を差しのべた結果、多くの犬猫が管理センターから引き出され、全国の一時預かりボランティアの手に渡っていった。

そのとき視察目的で入った関東のある動物愛護団体が、管理センターで働いている職員が離乳前の子猫を冷水で洗っている様子をカメラで撮影し、SNSに投稿。施設には湯を沸かす設備がなく、玲がいた頃はポットで湯を沸かして、水で割りながら洗浄していたのが実態だった。

犬猫のアウシュビッツを連想させるような写真や悲惨な状況を伝える現地レポートはまたた

く間に全国に拡散。ずさんな運営態勢に対する怒りの声が、管理センターや県に押し寄せた。

……かたや市の愛護センター。

地震直後、職員が詰めている管理棟前のアスファルトが一部割れて陥没したほか、事務室裏と愛護棟裏ののり面が崩れ、一部をビニールシートで覆うなど職員らは対応に追われたが、犬舎は無事であった。

それからの一月《ひとつき》で犬七十五匹余、猫五十四匹余が収容された同センターの対応は迅速だった。緊急支援物資を求める声明をホームページで公表、さらに被災地における迷子ペット対策を促進する環境省の指示のもとに特例を設け、協力を申し出てくれた他県（近畿中四国各府県市）二十四の自治体に対し、震災前から収容している犬猫約三十四について四月二十七日から移送を開始し、各地の管轄内で新たに里親探しが始められた。

……逐一比較される市と県の対応。

だがついに、県の危機管理課の担当者みずからが管理センターの現場にやってきて陣頭指揮に当たって以降、改善に向けて動き出すことになる。

一進一退

五月。平時には動物愛護団体間の譲渡を認めない方針の県が、被災地として一刻も早く譲渡を推し進めなければならない必要にせまられ、条件つきという譲渡を許可。

これに伴い、複数の動物愛護団体（のべにして三百人のボランティア）が手つかず状態の管理センターに立ち入って、緊急物資の受け入れを開始。譲渡会の準備や全国各地から送られてくる物資の仕分けボランティア、散歩や清掃作業の手伝いボランティアが精力的な活動を展開していった。

このとき、それまで猫室に入れられていた猫の多くが風邪をこじらせ、衰弱死するケースが多発していた。そこで、講習会で使用していた木造家屋が猫の収容場所としてあてがわれることになった。さらに収まりきれない猫のため、新たに三十匹の収容が可能な仮設コンテナが敷地内に建てられた。犬房に入りきれない犬についても、回収トラックを収納している屋根付きの格納庫を利用。たちまちここも満杯になると、雨露をしのげるパラソルや仮設テントが設置された。

こうした最中、ボランティアによる子犬や子猫の譲渡活動が活発化していき、犬約百匹、猫約三百匹が複数の動物愛護団体に引き取られた。収容中の全頭に対して、フィラリア検査とワクチン検査も行われた。

凍《こご》えるように寒かった犬房には、ようやく給湯器やエアコンが設置され、それまで多田《ただ》や田邊《たなべ》が大切に野菜を育てていた菜園も平らに整地された。そこはのちに犬を繋ぐスペースとして利用されることになる。

……とはいえ、先行きの見えない状況は以降もつづく。

前震の四月十四日から夏の終わりまでに保健所ないし管理センターに保護されたのは犬六百三十余、猫八百七十余で計千五百匹余。うち犬猫合わせて約千匹の八割が元の飼い主に戻され、二割が新たな里親に譲渡されていった。

犬は五十〜百匹余、猫にあっては百〜二百匹余に膨れあがったまま収容数は横ばいで推移。出しても出してもそれを上回る勢いで収容数が増えていくため現場の対応が追いつかない。収容施設としての限界を超えた状態に変わりはなかった。

九月七日、前年三月の知事選挙で「殺処分ゼロ」を公約の一つに掲げていた現熊本県知事の蒲島郁夫《かばしまいくお》は、定例記者会見で「被災ペットを極力受け入れてきたことで、保健所や動物管理センターでの収容能力も限界になり、新たな受け入れや保護が困難になっている」とのべ、震災後に保護した犬猫の受け入れを全国百十三自治体に要請すると発表。

ボランティアや関係者の間で「ほとぼりが冷めたら、遅かれ早かれ殺処分が再開されるのではないか」との憶測が流れたのもこの頃だ。

冬に差しかかろうとする季節、袋小路に迷い込んでしまった管理センターは、苦渋の決断をせまられていた。

出せども出せども減っていかない猫。残っている犬はノイヌや野良犬、問題行動があり譲渡に適さない犬、そのほか土佐犬で占められていたからだ。

所内の関係者会議に出席しているボランティアの一部から、「環境面や適正収容数を見直すため、今後は段階的に数のコントロールを行う予定」との内部情報がネット上に発信されたのは十一月始め。それ以降、どういうわけか彼らは一様に口を閉ざした。

二〇一七年二月十一日。いきなり流れが変わった。驚きの事実が熊本日日新聞《くまもとにちにち》の社会欄に掲載されたのだ。……以下、抜粋する。


【県、犬の殺処分再開　昨年十二月　収容能力超える】

県が熊本地震後に保護した犬について、病気などで譲渡が難しい個体に限り、見送っていた殺処分を昨年十二月中旬に再開したことが十日、分かった。保護・収容している県動物管理センターや県内十保健所の収容能力を超えたため、「やむを得ない」としている。

県によると、十日までに犬計六十七匹を麻酔薬で安楽死させた。それでも同日現在、犬百二十一匹、猫五十八匹を保護。通常の収容数である犬約十匹、猫約三十五匹を大きく上回っている。猫の殺処分は見送っているが、子猫の保護が増える春の繁殖期を前に「猫も殺処分を再開せざるを得ない状況になるかもしれない」としている。県は地震後、保護した犬や猫を「被災ペット」と位置付け、ボランティア団体などと連携しながら飼い主を探したり、新しい飼い主へ譲ったりしてきた。昨年末時点では、保護した犬八百六十一匹のうち七百十四、猫千百六十三匹のうち七百十八匹を返還・譲渡。同年十二月に策定した県政運営の基本方針「熊本復旧・復興四カ年戦略」でも「犬猫の殺処分ゼロを目指す」としていた。一方、熊本市の市動物愛護センターは昨年四月から今年一月末までに、犬猫計五百八十六匹を保護し、五百三十一匹を返還・譲渡。九日現在、計七十七匹を保護している。これまで病気の治る見込みのない猫に限って十六匹を安楽死させたという。

つづいて二月十七日付けの熊本日日新聞。以下、一部省略して抜粋する。

【県、猫も殺処分　七月十四匹　委託業者報告怠る】

　県が、熊本地震の発生で見送っていると説明していた猫の殺処分を、昨年七月に実施していたことが十六日、分かった。県は、同十月末まで保護した犬や猫を「被災ペット」と位置付けて殺処分を全面停止し、元の飼い主への返還や新たな飼い主への譲渡を進めると説明していた。殺処分は、県が県動物管理センターの業務を委託している株式会社……が実施している。所管する県健康危機管理課は「同社から連絡がなかった。隠す意図はなかった」と釈明。同社は「数が増え、センター内にそれ以上収容するスペースがなく殺処分した。犬や猫の殺処分ゼロの方針もあり県に報告しにくい面があった」と説明した。同センターで猫の世話を手伝うボランティア団体からの指摘があり、判明した。県や同社によると、殺処分は昨年七月七日に実施。十四匹を麻酔薬などを使って安楽死させたという。殺処分の対象は、センター職員らが「攻撃性が高く、世話をする職員にけがをさせる恐れがある」と判断した猫だったとしている。

外部関係者の取材で明らかになったこの報道は、二月十二日、出入りしていた動物愛護団体に対し、施設への立ち入り禁止が〈決定事項〉として一方的に通達されたことが発端だった。震災以降、苦楽をともにしてきた彼らの気持ちを踏みにじる行為であったことは言うまでもない。その後、新聞記事を見た一般読者から、県に対して抗議の声が殺到し、管理センターは再び逆風にさらされた。

この騒ぎを鎮静するため、県知事みずから緊急記者会見で「人に危害を及ぼす恐れや病気があったため」と釈明。ただちに施設内は開放され、再びボランティアの監視下に置かれた。もっとも、これら一連の殺処分ではガス室は使われておらず、すべて麻酔注射による安楽死処分だった。

方針転換

二〇一七年三月二十日、玲から電話。

熊本市動物愛護センターに復職するのだという。

それと、このとき聞いた情報……。

熊本県知事が管理センターを電撃訪問。知事が同センターに姿を現したのは県政史上初のことである。「熊本復旧・復興四カ年戦略」に犬猫の殺処分ゼロをめざす新たな施策を加え、明示したという。

一、四月一日の新年度より「熊本県動物管理センター」の名称から「熊本県動物愛護センター」に名称変更

従来まで犬及び猫の致死処分のための施設であった同センターの役割を、今後は動物愛護活動推進の拠点へと転換を図り、殺処分の可否を含め、運営面に関しても関係機関や動物愛護団体含む有識者の意見や熊本市動物愛護センターの成功事例を積極的に採り入れていく。また受託会社への委託費用に約千五百万円の予算を上乗せし、新たに動物舎（猫舎）を設置、収容動物が健康で快適な生活が送れる環境を整備していく。

二、第三次熊本県動物愛護管理推進計画の策定

入口対策・出口対策の充実化を計るべく、終生飼養《しよう》と適正飼養の啓発強化、不妊・去勢対策の啓発強化、犬及び猫への迷子札装着の啓発強化、新たな飼い主への譲渡に関しても動物愛護団体や獣医師会との連携強化。今回の震災の経験を生かすべく被災動物救護対策も引きつづき推進していく。

三、全国に広がった支援の輪をさらに拡げる

県内の動物愛護団体から県外団体への譲渡を推進、県のホームページにおいてきめ細やかな情報発信をしていく。さらに、ふるさと納税を活用した積極的な寄付の呼びかけを行っていく。

同センターの歴史が大きく動いた瞬間である——。

あとがき

二〇一六年度、熊本県動物愛護センターの犬猫の殺処分数は大幅に減少、譲渡率は過去最高を記録した(二〇一六年二月時点で犬の殺処分数は八十一匹、猫は四十五匹)。

現在、同センターの門扉には、真新しいオレンジ色の看板が掛け替えられている。動物愛護専門員や臨時職員も増員された。

講習会に使われていた木造家屋は基礎部から取り壊され、犬を繋ぐためのスペースに充てられている。技術員らが丹念に手入れしていた中庭中央には、ドッグランが新設されている。

感染症(パルボ)発生の理由により、やむをえずの安楽死処分は幾たびか行われているが、ガス殺処分は封印されている。

猫が詰められていたステンレス製ケージや鉄カゴは、バックヤードで埃をかぶっている。使用されることはもうあるまい。

――犬房には多くの犬が収容されている。人に危害を与える可能性が高い、治療の見込みがない、などの理由によって譲渡には不向きと判断されてしまった犬たちだ。

県が「殺処分ゼロ」のスローガンを掲げている以上、容易に処分できない(減らせない)。引き取り手の層が薄ければ、施設内部でいかにやりくりしようと収容キャパシティの限界を超えてしまう。溢れてしまった犬たちは、地元動物愛護団体の手に委ねられ、間借りした外部施設に〝存置《そんち》〟されている状態。声高に叫ばれている「殺処分ゼロ」運動の先行きに暗い影を落としている。

……たしかに構造は変わりつつある。しかし悲しいかな、現行法のもとでは、殺処分という残忍な仕事を、まだ誰かに委ねておく必要がある。私たちの誰かが、ペットをまだ捨てているからだ。罪深いのは殺処分を行う技術員ではない。彼らにそれをさせている私たちである。今後は、動物行政や販売市場の改善を求めていく以上に、私たち側の自浄努力が問われることになる。

本書は、限られた数人から得た証言をもとに再現した「過去」にすぎない。よって中立公正とは言い難い。文中に事実誤認の個所があれば、筆者にすべて責任がある。だが忘れないでほしい。かつて熊本県動物愛護センターは、こんな「過去」に塗られていたことを。

二〇一八年二月　藤崎童士

＊本文中に記載されている人物の年齢は取材時のものです。
＊本文中の自治体及び動物行政施設で働いている人物は仮名にしています。
＊地方公務員である保健所の職員は、数年単位で配置転換されることが常であり、本書で紹介した組織態勢と現在の組織態勢とは異なります。

著者
藤崎童士（ふじさき・どうし）
1968年生まれ。ノンフィクション作家。劇作活動として、2004年度、06年度に文化庁舞台芸術創作奨励賞（現代演劇部門）を受賞する。著書に『半魚人伝 ── 水中写真家・中村征夫のこと』、『殺処分ゼロ ── 先駆者・熊本市動物愛護センターの軌跡』（以上、三五館）、『のさり ── 水俣漁師、杉本家の記憶より』（新日本出版社）。

装丁・本文レイアウト　宮川和夫
装画・挿絵　あまえび

犬房女子《けんぼうじょし》 ── 犬猫殺処分《いぬねこさつしょぶん》施設《しせつ》で働《はたら》くということ

2018年３月15日　第１刷発行
2020年４月13日　第４刷発行
定価はカバーに表示してあります

著　者　藤　崎　童　士
発行者　中　川　　進

〒113-0033　東京都文京区本郷2-27-16
発行所　株式会社　大　月　書　店
印刷　三　晃　印　刷
製本　中　永　製　本
電話（代表）03-3813-4651　FAX03-3813-4656／振替 00130-7-16387
http://www.otsukishoten.co.jp/

ISBN978-4-272-33091-1　C0036 Printed in Japan